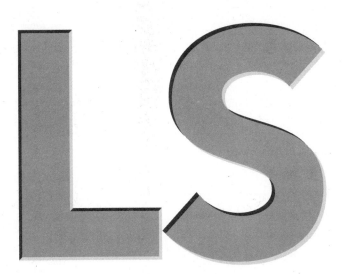

LS Analysis Leistungskurs

LAMBACHER SCHWEIZER

Trainingsheft für Klausuren

von
Heinz Peisch

Ernst Klett Verlag
Stuttgart Düsseldorf Berlin Leipzig

 Gedruckt auf Recyclingpapier, hergestellt aus 100% Altpapier.

1. Auflage   1 5 4 3 2 1 | 2000 99 98 97 96

Alle Drucke dieser Auflage können im Unterricht nebeneinander benutzt werden, sie sind untereinander unverändert. Die letzte Zahl bezeichnet das Jahr dieses Druckes.
© Ernst Klett Verlag GmbH, Stuttgart 1996.
Alle Rechte vorbehalten.

Druck: Gutmann + Co., 74388 Talheim

ISBN 3-12-737750-9

Liebe Schülerin, lieber Schüler,

diese Sammlung von Mathematik-Klausuren zur Analysis soll Ihnen helfen, Ihre eigenen Vorbereitungen auf bevorstehende Klausuren im Unterricht ein wenig zielgerichteter zu gestalten.

Bisher werden Sie sich auf Klausuren anhand Ihres Lehrbuchs, Ihrer Unterrichtsmitschrift und vielleicht einer zusätzlichen Aufgabensammlung vorbereitet haben. Vermutlich hat Ihnen Ihr Lehrer rechtzeitig vor der Klausur auch noch einige Aufgaben aus den entsprechenden Lehrbuchkapiteln zur Selbstkontrolle gestellt. Dies ist gut so, und diese Art der Vorbereitung sollten Sie auch beibehalten.

Diese Sammlung von Klausuren möchte die Vorbereitung in einem entscheidenden Punkt ergänzen und abrunden. Aus vielen Gesprächen mit Schülern weiß ich, daß einerseits der Wunsch nach Übungs-Klausuren groß ist, andererseits aber die meisten Lehrer aus verständlichen Gründen nur ungern solche Klausuren ausgeben. Die folgenden Klausuren sollen dem Wunsch nach derartigem Übungsmaterial ein wenig Rechnung tragen.

Alle Klassenarbeiten dieser Sammlung sind für eine reine Arbeitszeit von zwei Unterrichtsstunden konzipiert, etliche davon selbst erprobt, andere speziell für dieses Buch entworfen. Sie können diese Arbeiten in jeder Phase Ihrer Klausurvorbereitung einsetzen. Rechnen Sie aber unter allen Umständen eine Arbeit immer vollständig unter Klausurbedingungen durch, ehe Sie zu den in Kurzform angegebenen Endergebnissen greifen und mit Ihren Lösungen vergleichen. Bei fehlender Übereinstimmung sollten Sie sich zuerst noch einmal mit Ihrer Lösung auseinandersetzen. Erst wenn Sie gar nicht mehr weiter wissen, sollten Sie zu den ausführlich dargestellten Lösungen greifen und mit den von Ihnen aufgeschriebenen Lösungen vergleichen. Nur so erkennen Sie, wo weitere Übung erforderlich und angebracht ist.

Im Inhaltsverzeichnis finden Sie Stichworte zu den Themen bzw. den Funktionstypen, die in den verschiedenen Klausuren angesprochen werden, so daß Ihnen die Auswahl möglichst einfach gemacht wird. Im Zweifelsfalle dürfen Sie wohl auch Ihren Lehrer fragen.

Wenn Sie Anregungen und Wünsche haben oder gar Fehler finden, so lassen Sie mich dies wissen, damit diese in einer weiteren Auflage berücksichtigt werden können.

Nun bleibt mir nur noch, Ihnen beim Arbeiten mit dieser Sammlung viel Spaß und noch mehr Erfolg zu wünschen!

Im Juli 1996   Heinz Peisch

INHALTSVERZEICHNIS

KLAUSUREN

Folgen, Grenzwert, Vollständige Induktion

    Klausur Nr. 1   7
    Klausur Nr. 2   9

Stammfunktion, Flächenberechnung

    Klausur Nr. 3   11
    Klausur Nr. 4   12

Integral, Volumenberechnung

    Klausur Nr. 5   13
    Klausur Nr. 6   14

Gebrochen-rationale Funktionen

    Klausur Nr. 7   15
    Klausur Nr. 8   17

Wurzelfunktionen

    Klausur Nr. 9   18
    Klausur Nr. 10   19

Trigonometrische Funktionen

    Klausur Nr. 11   20
    Klausur Nr. 12   21

Exponentialfunktionen

    Klausur Nr. 13   22
    Klausur Nr. 14   23

Logarithmusfunktionen

    Klausur Nr. 15   24
    Klausur Nr. 16   25

INHALTSVERZEICHNIS

ENDERGEBNISSE

Klausur Nr. 1	27
Klausur Nr. 2	28
Klausur Nr. 3	29
Klausur Nr. 4	30
Klausur Nr. 5	31
Klausur Nr. 6	32
Klausur Nr. 7	33
Klausur Nr. 8	34
Klausur Nr. 9	35
Klausur Nr. 10	36
Klausur Nr. 11	37
Klausur Nr. 12	38
Klausur Nr. 13	39
Klausur Nr. 14	40
Klausur Nr. 15	41
Klausur Nr. 16	42

LÖSUNGEN DER KLAUSUREN

Klausur Nr. 1	43
Klausur Nr. 2	52
Klausur Nr. 3	61
Klausur Nr. 4	68
Klausur Nr. 5	75
Klausur Nr. 6	83
Klausur Nr. 7	89
Klausur Nr. 8	97
Klausur Nr. 9	106
Klausur Nr. 10	114
Klausur Nr. 11	123
Klausur Nr. 12	130
Klausur Nr. 13	139
Klausur Nr. 14	146
Klausur Nr. 15	153
Klausur Nr. 16	161

VOR DEM LÖSEN

Vor dem Lösen der Klausuraufgaben sollten Sie beachten:

1. Informieren Sie sich anhand der Inhaltsangabe, welche der Aufgabengruppen zu dem von Ihnen vorzubereitenden Stoff gehört. Aus dieser Gruppe können Sie jede der beiden Klausuren zur Übung beliebig auswählen. In der Analysis ist allerdings nicht immer eine scharfe inhaltliche Trennung der verschiedenen Teilgebiete sinnvoll. Daher sollten Sie gelegentlich auch einzelne Aufgaben aus Klausuren anderer Teilgebiete bearbeiten, in denen Bezüge zum jeweiligen Klausurthema erkennbar sind.

2. Beginnen Sie frühzeitig vor einer angekündigten Klausur mit Ihrer Vorbereitung. Es ist besser, vierzehn Tage lang jeweils eine Stunde zu wiederholen und zu üben, anstatt ein oder zwei Tage drei bis vier Stunden! Außerdem empfiehlt es sich, immer häufiger auch Trainingsphasen von zwei bis drei Stunden Dauer einzulegen, um ein Gefühl dafür zu bekommen, wie man sich solche längeren Zeiträume zweckmäßig einteilt.

3. Nehmen Sie sich von vorneherein vor, 90 Minuten an einer Klausurarbeit zu bleiben. Sorgen Sie also für entsprechend viel freie Zeit ohne Ablenkung und arbeiten Sie unter den üblichen Klausurbedingungen.

4. Richten Sie vor Arbeitsbeginn alle erforderlichen Hilfsmittel her: Füllfederhalter, gespitzter Bleistift, Farbstifte in den Farben rot, grün und blau, Geodreieck, Zirkel. Der Einsatz des Taschenrechners sollte auf solche Fragestellungen beschränkt bleiben, die anders nicht zu bewältigen sind. Vermeiden Sie die Abhängigkeit von einem solchen Gerät bei einfachsten Zwischenrechnungen. Entsprechendes gilt für die Verwendung einer Formelsammlung. Die vorliegenden Klausuren sind so konzipiert, daß sie ohne Formelsammlung bearbeitet werden können.

5. Tragen Sie Ihre Lösungen in ein Heft ein. Schreiben Sie sauber und übersichtlich und gliedern Sie Ihre Lösungen. Denken Sie an geeigneten Stellen an die verbale Darlegung Ihrer Vorgehensweise und an Antwortsätze. Eine vollständige Lösung muß auch sprachlich und fachsprachlich korrekte Kommentare enthalten.

6. Arbeiten Sie zügig aber nicht hastig. Wenn Sie bei einem Aufgabenteil nicht weiter wissen, so verweilen Sie nicht allzulange mit Nachdenken. Bearbeiten Sie zwischendurch andere Aufgaben. Vielleicht kommen Ihnen dabei gute Ideen zur Lösung der zurückgestellten Aufgabenteile.

LK Mathematik — Klausur Nr. 1

Aufgabe 1

Gegeben ist die Folge $(f(n))$ durch $f(n) = \dfrac{2n - 1}{3n + 1}$, $n \in \mathbb{N}$.

1.1 Untersuchen Sie diese Folge auf Monotonie.

1.2 Die Folge $(f(n))$ ist konvergent.
Bestimmen Sie den Grenzwert der Folge unter Verwendung der Definition des Grenzwerts.

1.3 Ab welchem Folgeglied liegen alle weiteren Folgeglieder in der ε-Umgebung des Grenzwerts, wenn $\varepsilon = 0{,}001$ gewählt wird?

1.4 Berechnen Sie die Folgeglieder, die in $U_{0,1}(0{,}5)$ liegen?

Aufgabe 2

Berechnen Sie unter Verwendung geeigneter Grenzwertsätze die Grenzwerte der angegebenen Folgen, sofern diese existieren. Anderenfalls begründen Sie, daß die Folge divergent ist.

2.1 $f(n) = \dfrac{\sqrt{n}}{n + 1}$, $n \in \mathbb{N}$;

2.2 $f(n) = (2 - (-1)^n \cdot \dfrac{1}{n}) \cdot \dfrac{3 - n^2}{n^2 + 1}$, $n \in \mathbb{N}$;

2.3 $f(n) = 2^{n+1} - \dfrac{1}{2^{-n}}$, $n \in \mathbb{N}$;

2.4 $f(n) = (n + \dfrac{1}{n})^2 - (1 + n^2)$, $n \in \mathbb{N}$.

Aufgabe 3

Beweisen Sie die jeweils angegebene Behauptung (unter Verwendung der Definition) oder widerlegen Sie diese durch ein Gegenbeispiel.

3.1 Wenn eine Folge $(f(n))$ nicht monoton ist, dann ist sie beschränkt.

3.2 Wenn eine Folge $(f(n))$ konvergent ist, dann ist sie auch monoton.

3.3 Wenn die Folgen $(f_1(n))$ und $(f_2(n))$ beides Nullfolgen sind, dann ist auch die Folge $(f_1(n) - f_2(n))$ eine Nullfolge.

Aufgabe 4

4.1 Geben Sie eine Formulierung des Vollständigkeitsaxioms an.

4.2 Erläutern Sie an einem geeigneten Beispiel, inwiefern die Menge der rationalen Zahlen nicht dem Vollständigkeitsaxiom genügt.

LK Mathematik — Klausur Nr. 1

Aufgabe 5

Aus einem Quadrat mit der Seitenlänge a_1 und dem Flächeninhalt A_1 entstehen durch Dreiteilung der Seiten kleinere Quadrate.
Die nichtschraffierten Teile der Figur werden entfernt. Dieser Prozeß wird nun auf jedes der schraffierten Quadrate erneut angewendet und ad infinitum fortgesetzt gedacht.
Die Flächeninhalte der schraffierten Teile der Figuren seien mit A_1, A_2, A_3 ... bezeichnet. Die Summe der Seitenlängen aller in einer Figur schraffierten Quadrate werde Umfang der Figur genannt.

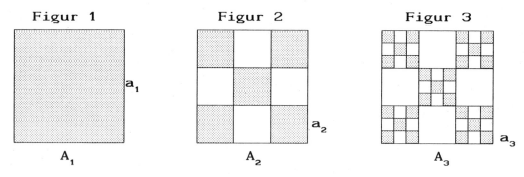

Figur 1, Figur 2, Figur 3

5.1 Durch welche rekursive Folge kann der Inhalt der schraffierten Fläche in der n-ten Figur beschrieben werden? Geben Sie auch an, wie dieser Flächeninhalt durch einen Folgenterm in geschlossener Form berechnet werden kann.

5.2 Beweisen Sie unter Verwendung der Definition des Begriffs "Nullfolge", daß die Folge der Flächeninhalte eine Nullfolge ist und bestimmen Sie diejenige Nummer der Figur, bei der der Flächeninhalt erstmals kleiner als $10^{-6} \cdot A_1$ wird.

5.3 Stellen Sie eine Folge für die Umfänge der Figuren auf und beurteilen Sie das Monotonieverhalten und das Konvergenzverhalten dieser Folge.

Aufgabe 6

Beweisen Sie durch vollständige Induktion, daß für alle $n \in \mathbb{N}$ gilt:

6.1 $\sum_{k=1}^{n} \frac{1}{k \cdot (k+1)} = \frac{n}{n+1}$.

6.2 $n^3 + 5n$ ist durch 3 teilbar.

LK Mathematik   Klausur Nr. 2

Aufgabe 1

Gegeben ist die Folge $(f(n))$ mit $f(n) = \dfrac{n}{n^2 - 4}$, $n \in \mathbb{N}\setminus\{1;2\}$.

1.1 Geben Sie die ersten drei und das 100. Folgeglied an.

1.2 Untersuchen Sie diese Folge auf Monotonie.

1.3 Verwenden Sie die Definition des Begriffs "Nullfolge" um nachzuweisen, daß obige Folge eine Nullfolge ist.

1.4 Nun sei $\varepsilon = 10^{-3}$ gewählt.
     Welche Folgeglieder liegen in $U_\varepsilon(0)$?

1.5 Die Folge ist beschränkt.
     Geben Sie die bestmögliche Schranken an und begründen Sie Ihre Antwort.

Aufgabe 2

Berechnen Sie unter Verwendung geeigneter Sätze die Grenzwerte der angegebenen Folgen, sofern diese existieren. Anderenfalls begründen Sie, daß die Folge divergent ist.

2.1 $f(n) = \dfrac{(n-1)^2}{1 - 2n^2}$, $n \in \mathbb{N}$.

2.2 $f(n) = \dfrac{1}{n} \cdot \sin(n \cdot \dfrac{\pi}{4})$, $n \in \mathbb{N}$.

2.3 $f(n) = -n^3$, $n \in \mathbb{N}$.

Aufgabe 3

Geben Sie jeweils eine Folge mit den angegebenen Eigenschaften an. Der Nachweis dieser Eigenschaften ist nicht erforderlich.

3.1 Die Folge ist alternierend und nicht beschränkt.

3.2 Die Folge ist streng monoton steigend mit dem Grenzwert $g = -\dfrac{1}{2}$.

3.3 Die Folge hat den Grenzwert $g = \sqrt{3}$.

Aufgabe 4

In einem kartesischen Koordinatensystem mit dem Ursprung $O = P_0$ ist die Strecke AB mit $A(1|0)$ und $B(0|1)$ eingezeichnet.
Der Streckenzug $P_0 P_1 P_2 P_3 \ldots$ entsteht dadurch, daß von P_0 aus das Lot auf AB und vom so entstandenen Lotfußpunkt P_1 das Lot auf $P_0 A$ zum Lotfußpunkt P_2 gefällt wird. Anschließend wird immer von P_i aus das Lot auf $P_{i-1} P_{i-2}$ gefällt, und der neu entstandene Lotfußpunkt wird P_{i+1} genannt.

LK Mathematik — Klausur Nr. 2

Aufgabe 4 (Fortsetzung)

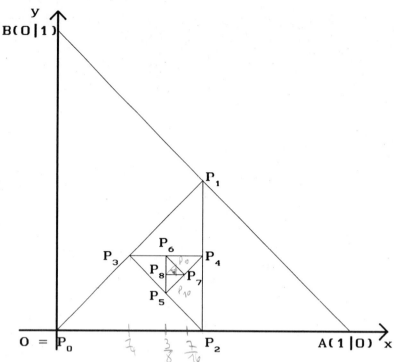

4.1 Das Dreieck $P_i P_{i+1} P_{i+2}$ ($i \in \mathbb{N}_0$) habe die Nummer i und den Flächeninhalt $A(i)$.
Stellen Sie eine Folge $(A(n))$ für diese Flächeninhalte auf und begründen Sie damit, daß diese Folge eine Nullfolge ist.

4.2 Berechnen Sie die Nummern derjenigen Dreiecke, deren Flächeninhalte zwischen $10^{-4} \cdot A(0)$ und $10^{-6} \cdot A(0)$ liegen.

4.3 Weisen Sie nach, daß die Gesamtfläche aller dieser Dreiecke $2 \cdot A(0)$ nicht überschreitet.

4.4 Wie lang ist die Strecke $P_i P_{i+1}$, $i \in \mathbb{N}_0$?
Welche Länge hat der Streckenzug $P_0 P_1 P_2 P_3 \ldots P_n$, $n \in \mathbb{N}$?

4.5 Die Punkte P_i, $i \in \mathbb{N}_0$, nähern sich einem Punkt P immer mehr an. Bestimmen Sie die Koordinaten dieses Punktes P.

Aufgabe 5

5.1 Beweisen Sie durch vollständige Induktion, daß für alle $n \in \mathbb{N}$ gilt:
$$\sum_{k=1}^{n} k(k+1) = \frac{1}{3} \cdot n(n+1)(n+2).$$

5.2 Eine Folge $(f(n))$ ist rekursiv definiert durch $f(1) = 1$, $f(2) = 1$, $f(n+2) = f(n+1) + f(n)$ für alle $n \in \mathbb{N}$.
Beweisen Sie durch vollständige Induktion:
$$\sum_{i=1}^{n} f^2(i) = f(n) \cdot f(n+1), \quad n \in \mathbb{N}.$$

LK Mathematik   Klausur Nr. 3

Aufgabe 1

Geben Sie zu den folgenden Funktionen f jeweils eine Stammfunktion F mit ihrem maximalen Definitionsbereich D_F an.

1.1 $f(x) = 2 \cdot x^{-5}$ $D_f = \mathbb{R} \setminus \{0\}$

1.2 $f(x) = 3 \cdot \cos x$ $D_f = \mathbb{R}$

1.3 $f(x) = (x + 1) \cdot x^4$ $D_f = \mathbb{R}$

1.4 $f(x) = \sin^2 x + \cos^2 x$ $D_f = \mathbb{R}$

Aufgabe 2

Gegeben ist die Kurve K_f mit der Gleichung $f(x) = 0,1 \cdot x^2$ mit $x \in [0;6]$.

2.1 Das Flächenstück zwischen K_f, der x-Achse und der Geraden mit der Gleichung $x = 6$ soll durch eine Gerade mit der Gleichung $x = u$ ($0 < u < 6$) halbiert werden.
Wie muß u dazu gewählt werden?

2.2 Ein zur y-Achse paralleler Streifen mit einer Längeneinheit Breite schneidet aus dem in der vorherigen Teilaufgabe beschriebenen Flächenstück eine Fläche mit 1 Flächeneinheit Inhalt aus.
Ermitteln Sie die Lage dieses Streifens.

Aufgabe 3

Das Schaubild einer ganzrationalen Funktion dritten Grades hat im Punkt A(3|6) die Gerade t mit der Gleichung $t(x) = 11x - 27$ als Tangente, und der Punkt W(1|0) ist der Wendepunkt.

3.1 Ermitteln Sie die Gleichung der Kurve.

3.2 Wie groß ist der Inhalt der Fläche zwischen der Kurve K_f mit $f(x) = x^3 - 3x^2 + 2x$ und K_g mit $g(x) = -x^2 + x$, $x \in \mathbb{R}$?

Aufgabe 4   (Lösung S.64)   t=a setzen

Gegeben sind für $t \in \mathbb{R}^+$ die Funktionen f_t mit
$$f_t(x) = -\frac{t^2}{48} \cdot x^3 + t \cdot x, \quad x \in \mathbb{R}.$$
Die Schaubilder heißen K_t.

4.1 Ermitteln Sie für allgemeines t die Schnittpunkte mit der x-Achse sowie Hoch- und Tiefpunkt der Kurve K_t.

4.2 Zeichnen Sie das Schaubild K_1 (1 Längeneinheit = 0,5 cm).

4.3 Berechnen Sie für allgemeines t den Inhalt A(t) der Fläche zwischen K_t und der x-Achse.

4.4 Es gibt für $t > 1$ eine Kurve der Schar, welche die gezeichnete Kurve im ersten Feld so schneidet, daß beide Kurven im ersten Feld eine Fläche vom Inhalt 6 Flächeneinheiten einschließen. x)
Bestimmen Sie die Gleichung dieser Kurve.

x) (zur Kontrolle: K_1 und die gesuchte Kurve schneiden sich für $x = \frac{\sqrt{48}}{\sqrt{1+a}}$)

LK Mathematik — Klausur Nr. 4

Aufgabe 1
Berechnen Sie die folgenden Integrale.

1.1 $\displaystyle\int_{-2}^{2} \left(\tfrac{1}{4}x^3 + 1\right) dx$

1.2 $\displaystyle\int_{0}^{2} \left(\tfrac{x}{2} - \sqrt{2x}\right) dx$

1.3 $\displaystyle\int_{0}^{1} (ax^2 + bx + c)\, dx$

1.4 $\displaystyle\int_{-1}^{2} |x^3 - x|\, dx$

Aufgabe 2
Eine Parabel 2. Ordnung schneidet die x-Achse in den Punkten $X_1(0|0)$ und $X_2(6|0)$. Außerdem verläuft sie durch den Punkt $P(4|8)$.

2.1 Bestimmen Sie die Gleichung dieser Parabel.

2.2 Die Tangenten in den Schnittpunkten der Parabel mit der x-Achse bilden zusammen mit der x-Achse ein Dreieck, welches durch die Parabel in zwei Teilflächen zerlegt wird. In welchem Verhältnis stehen die Flächeninhalte dieser beiden Teilflächen?

Aufgabe 3
Gegeben sind die Funktionen f_t durch $f_t(x) = -x^2 + tx$, $t \in \mathbb{R}^+$, $x \in \mathbb{R}$. Die Schaubilder heißen K_t.

3.1 Wie muß man t wählen, damit die zugehörige Kurve K_t mit der x-Achse eine Fläche vom Inhalt $\tfrac{9}{2}$ Flächeneinheiten einschließt?

3.2 Die Fläche aus der vorherigen Teilaufgabe rotiert nun um die x-Achse. Welches Volumen hat der dabei entstehende Drehkörper?

Aufgabe 4
4.1 Beweisen Sie: Wenn die Funktion f im Intervall $[-a;a]$ ($a > 0$) integrierbar und ihr Schaubild zum Punkt $P(0|y_P)$ symmetrisch ist, dann gilt

$$\int_{-a}^{a} f(x)\, dx = 2 \cdot a \cdot y_P\,.$$

Bestimmen Sie damit $\displaystyle\int_{-\pi/2}^{\pi/2} (1 + \sin^3 x)\, dx$.

Dabei darf als bekannt vorausgesetzt werden, daß f mit $f(x) = 1 + \sin^3 x$ auf $\mathbb{R}$ integrierbar ist.

Aufgabe 5
Die Funktion f ist auf $\mathbb{R}$ mindestens zweimal differenzierbar und $f'(x) \neq 0$ für alle $x \in \mathbb{R}$.
Die Funktion g mit $g(x) = \dfrac{f(x)}{f'(x)}$ besitzt eine Nullstelle x_0.
Weisen Sie nach, daß das Schaubild von g die x-Achse an der Stelle x_0 unter einem Winkel von $45°$ schneidet.

LK Mathematik   Klausur Nr. 5

Aufgabe 1
Eine Funktion f ist für s, t ∈ R abschnittsweise erklärt durch

$$f(x) = \begin{cases} x^2 + s & \text{für } x < 1 \\ 1 + \dfrac{t}{x^2} & \text{für } x \geq 1 \end{cases}$$

1.1 Bestimmen Sie einen Zusammenhang zwischen s und t so, daß die Funktion f auf R stetig und differenzierbar ist.

1.2 Zeichnen Sie das Schaubild K_f zu f mit s = −1, t = −1 im Intervall [−2;5] (1 Längeneinheit = 1 cm).

1.3 Die waagrechte Asymptote von K_f schließt mit K_f eine nach rechts ins Unendliche reichende Fläche ein. Ermitteln Sie den Inhalt dieser Fläche.

1.4 Die Fläche zwischen gezeichneter Kurve K_f und der waagrechten Asymptote rotiert für x ≥ 1 um die x-Achse. Berechnen Sie den Rauminhalt des entstehenden Drehkörpers.

Aufgabe 2
Bilden Sie zu den folgenden Funktionen jeweils die ersten drei Ableitungen und vereinfachen Sie diese soweit wie möglich.

2.1 $f(x) = \dfrac{x^2 - 4}{(x + 3)^2}$, $D_f = \mathbb{R} \setminus \{-3\}$

2.2 $f_t(x) = \dfrac{2tx}{x^2 + t}$, $t > 0$, $D_f = \mathbb{R}$

Aufgabe 3
Gegeben ist die Parabelschar mit $f_t(x) = x^2 - 2x + t$, x ∈ R, t ∈ R, sowie die Geraden mit den Gleichungen x = 0 bzw. x = 6.

3.1 Für welche Werte von t besitzt die zugehörige Parabel im Intervall]0;6[genau einen gemeinsamen Punkt mit der x-Achse?

3.2 Nun sei t einer der in 3.1 ermittelten Werte. Dann schließen die zu f_t gehörige Kurve, die gegebenen Geraden und die x-Achse zwei Flächenstücke ein. Für welchen Wert von t haben diese beiden Flächenstücke denselben Inhalt?

Aufgabe 4
In der xy-Ebene ist die Kurve K_1 beschrieben durch die Gleichung $y = \sqrt{x}$, $x \in \mathbb{R}_0^+$, in der xz-Ebene K_2 durch z = x + 3, $x \in \mathbb{R}_0^+$.

4.1 Stellen Sie beide Kurven in einem dreidimensionalen kartesischen Koordinatensystem dar. (1 Längeneinheit = 2 cm, x-Achse nach vorne, Verkürzungsfaktor k = $\dfrac{1}{2}$, α = 135°).

4.2 Zu jedem Punkt P(u|v|0) auf K_1 gibt es ein Dreieck PQR mit Q(u|0|w) auf K_2 und R(u|0|0), 0 ≤ u ≤ 4. Alle diese Dreiecke erzeugen einen Körper (der jedoch kein Rotationskörper ist!). Bestimmen Sie den Rauminhalt dieses Körpers.

LK Mathematik Klausur Nr. 6

Aufgabe 1

Gegeben ist die Funktion f mit $f(x) = \frac{1}{4}x^2 - 2x + 4$, $x \in \mathbb{R}$. Die zugehörige Kurve heißt K_f.

1.1 Bestimmen Sie die gemeinsamen Punkte der Kurve mit den Koordinatenachsen sowie die Gleichung der Tangente im Schnittpunkt Y mit der y-Achse.

1.2 Zeichnen Sie die Parabel und die Tangente im Punkt Y für $x \in [-1; 6]$ in ein Koordinatensystem ein.

1.3 Die Tangente in Y, die Parabel und die x-Achse schließen ein Flächenstück ein.
Berechnen Sie den Inhalt dieses Flächenstücks.

1.4 Wie groß ist das Volumen des Drehkörpers, wenn die in Teilaufgabe 1.3 beschriebene Fläche um die x-Achse rotiert?

1.5 Der Drehkörper aus 1.4 wird nun durch Ebenen senkrecht zur x-Achse geschnitten.
Welche dieser Ebenen schneidet aus dem Drehkörper die Figur mit größtem Flächeninhalt aus?

Aufgabe 2

Bestimmen Sie $t \in \mathbb{R}$ so, daß das jeweilige Integral den angegebenen Wert hat.

2.1 $\displaystyle\int_{t}^{2t} \frac{4}{x^2}\, dx = \frac{28}{3}$

2.2 $\displaystyle\int_{-2}^{1} (x^2 + t)\, dx = 10$

2.3 $\displaystyle\int_{t}^{1} \frac{x + \sqrt{x}}{\sqrt{x}}\, dx = \frac{5}{3}$

Aufgabe 3

Eine zum Koordinatenursprung O punktsymmetrische Parabel dritten Grades hat im Ursprung eine Tangente parallel zur Geraden g mit $g(x) = -2x + 3$, $x \in \mathbb{R}$. Die Parabel und die x-Achse umschließen im 4. Feld ein Flächenstück vom Inhalt 8 Flächeneinheiten.
Wie heißt die Gleichung der Parabel?

Aufgabe 4

Schätzen Sie $\displaystyle\int_{-1}^{2} \frac{x}{1 + x^2}\, dx$ möglichst gut ab.

Berücksichtigen Sie dabei die Symmetrie des Schaubilds von f mit $f(x) = \dfrac{x}{1 + x^2}$.

LK Mathematik   Klausur Nr. 7

Aufgabe 1

Geben Sie zu jedem der folgenden Funktionsterme den Funktionsterm der ersten Ableitung an.

1.1 $\quad f(x) = \dfrac{2x^2 + 3x}{(x-1)^2}$ \hspace{2em} 1.2 $\quad f(x) = \left[\dfrac{3x+1}{x^2-4}\right]^2$

1.3 $\quad f(x) = \dfrac{(x+2)^3}{(x-2)^2}$ \hspace{2em} 1.4 $\quad f(x) = \dfrac{t^2 + x^2}{(t-x)^2}$ ← Kettenregel

Aufgabe 2

Untersuchen Sie die folgenden Funktionen mit jeweils maximalem Definitionsbereich auf Nullstellen, Verhalten für $|x| \to \infty$ und Art der Definitionslücken.

2.1 $\quad f(x) = \dfrac{4x^2 - 10x - 6}{x^3 - 6x^2 + 9x}$, $\quad x \in D_f$

2.2 $\quad f(x) = \dfrac{x^4 - x^2 - 12}{x^3 + 2x^2 - 4x - 8}$, $\quad x \in D_f$

2.3 $\quad f(x) = \dfrac{2tx^3}{x^4 - 2t^2 x^2}$, $\quad x \in D_f$, $t \in \mathbb{R}^+$.

Aufgabe 3

Für alle $t \in \mathbb{R}^+$ sind die Funktionen f_t gegeben durch
$f_t(x) = \dfrac{2t}{x^2} - \dfrac{4}{x}$, $x \in \mathbb{R}\setminus\{0\}$.
Ihre Schaubilder heißen K_t.

Lösung S. 33

3.1 Untersuchen Sie K_t auf Symmetrie und Asymptoten.

3.2 Bestimmen Sie - falls vorhanden - Schnittpunkte mit der x-Achse, Extrempunkte und Wendepunkte.

3.3 Zeichnen Sie die Kurve K_2 für $0 < x \leq 6$
    (1 Längeneinheit = 1 cm).

3.4 Für welche Werte von t besitzt die Kurve K_t im Wendepunkt eine Normale mit der Steigung -3?

3.5 Die gezeichnete Kurve, die x-Achse und die Gerade mit der Gleichung $x = 2$ umschließen eine Fläche. Dieses Flächenstück rotiert um die x-Achse und erzeugt dabei einen Drehkörper.
    Berechnen Sie das Volumen V des entstehenden Drehkörpers.

Aufgabe 4

Geben Sie zu jedem der beiden Schaubilder einen geeigneten Funktionsterm einer gebrochen-rationalen Funktion an.

4.1

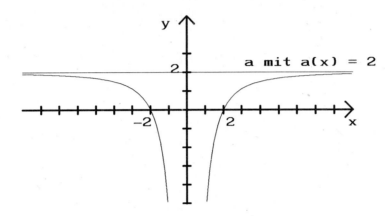

4.2

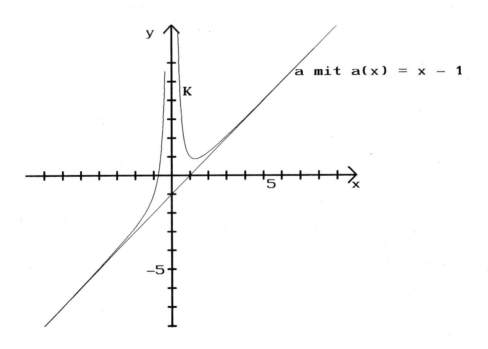

LK Mathematik   Klausur Nr. 8

Aufgabe 1

Beweisen Sie unter Verwendung der Definition der Ableitung:

Wenn $f(x) = \frac{1}{x}$, $x \in \mathbb{R}\setminus\{0\}$, dann $f'(x) = -\frac{1}{x^2}$, $x \in \mathbb{R}\setminus\{0\}$.

Aufgabe 2

Gegeben ist die Funktion f durch $f(x) = \frac{x^3 + 4}{2x^2}$, $x \in \mathbb{R}\setminus\{0\}$.

Die Kurve K_f schließt mit ihrer schiefen Asymptote und der Parallelen zur y-Achse durch den Tiefpunkt eine ins Unendliche reichende Fläche ein. Berechnen Sie deren Inhalt.

Aufgabe 3

Die Funktion f ist gegeben durch $f(x) = \frac{x^2 + 2x}{x^2 - 1}$, $x \in \mathbb{R}\setminus\{-1; 1\}$.

Ihr Schaubild heißt K_f.

3.1 Untersuchen Sie das Schaubild K_f auf Schnittpunkte mit der x-Achse sowie auf Symmetrie zum Koordinatenursprung. Bestimmen Sie die Gleichungen der Asymptoten.

3.2 Weisen Sie durch Rechnung nach, daß K_f keinen Extrempunkt besitzt.
Das Schaubild K_f hat im Intervall $]-1; 1[$ genau einen Wendepunkt. Bestimmen Sie diesen Wendepunkt unter Verwendung des Newtonschen Iterationsverfahrens. Brechen Sie das Verfahren ab, wenn sich die vierte Dezimale der Wendepunktabszisse nicht mehr ändert. (Die hinreichende Bedingung für den Wendepunkt ist nicht notwendig.)

3.3 Zeichnen Sie das Schaubild K_f für $x \in [-5; 5]$ mit den Asymptoten in ein Koordinatensystem ein.

Für alle $t \in \mathbb{R}^+$ sind nun die Funktionen f_t gegeben durch
$$f_t(x) = \frac{x^2 + 2tx}{x^2 - t}, \quad x \in D_t.$$
Ihre Schaubilder heißen K_t.

3.4 Es gibt genau einen zugelassenen Wert von t, für den f_t eine stetig hebbare Definitionslücke hat. Bestimmen Sie diesen Wert und geben Sie für diesen Fall die stetige Fortsetzung $\tilde{f}$ an.

3.5 Untersuchen Sie, ob das Schaubild von $\tilde{f}$ punktsymmetrisch ist.

3.6 Bestimmen Sie diejenigen Kurven K_t, die genau zwei gemeinsame Kurvenpunkte S und T haben. Geben Sie die Koordinaten dieser beiden Punkte an.

LK Mathematik   Klausur Nr. 9

Aufgabe 1

Gegeben sind die Funktionen f_t durch $f_t(x) = \sqrt{t^2 - x^2}$, $t \in \mathbb{R}^+$, mit maximalem Definitionsbereich D_t.

1.1 Bestimmen Sie D_t.
1.2 Untersuchen Sie f_t auf Monotonie.
1.3 Schätzen Sie das folgende Integral möglichst gut ab.

$$I(t) = \int_{-t}^{-\frac{t}{2}} \sqrt{t^2 - x^2}\, dx$$

1.4 Deuten Sie das Integral aus der vorherigen Teilaufgabe geometrisch und geben Sie seinen genauen Wert an.

Aufgabe 2

Berechnen Sie die folgenden Integrale

2.1 $\displaystyle\int_0^2 \frac{x}{\sqrt{4 - x^2}}\, dx$ 2.2 $\displaystyle\int_{-1}^{3} \sqrt{x^2}\, dx$ 2.3 $\displaystyle\int_1^{2\sqrt{2}} x \cdot \sqrt{1 + x^2}\, dx$

Aufgabe 3

Gegeben sind die Funktionen f_t durch $f_t(x) = t \cdot \sqrt{x} - x$ mit $t \in \mathbb{R}^+$ und $0 \leq x \leq t^2$. Die zugehörigen Kurven heißen K_t.

3.1 Ermitteln Sie für allgemeines t die gemeinsamen Punkte von K_t und der x-Achse und weisen Sie nach, daß K_t einen Hochpunkt besitzt.
     Auf welcher Kurve wandert dieser Hochpunkt, wenn t alle zugelassenen Werte durchläuft?

3.2 Untersuchen Sie das Krümmungsverhalten von K_t und zeichnen Sie das Schaubild für t = 2 (1 Längeneinheit = 2 cm).

3.3 Zeigen Sie, daß alle Kurven K_t die positive x-Achse unter demselben Winkel schneiden. Welche Weite hat dieser Winkel?

3.4 Die Kurve K_t schließt mit der x-Achse eine Fläche ein. Bestimmen Sie den Inhalt A(t) dieser Fläche.

3.5 Die vorgenannte Fläche rotiert um die x-Achse. Welches Volumen V(t) besitzt der dabei entstehende Drehkörper?

Aufgabe 4

Gegeben ist die Funktion f mit maximalem Definitionsbereich D_f durch $f(x) = \sqrt{\dfrac{x^2 \cdot (x - 2)}{x - 3}}$. Ihr Schaubild heißt K_f.

4.1 Bestimmen Sie D_f.
4.2 Berechnen Sie die Gleichungen der Asymptoten von K_f.

LK Mathematik   Klausur Nr. 10

Aufgabe 1   *Lös. S. 114*

Leiten Sie die angegebenen Funktionen einmal ab.

1.1 $f(x) = \sqrt{x^2 + 9}$

1.2 $f(x) = \dfrac{x - 1}{\sqrt{x + 1}}$

1.3 $f(x) = \sqrt{\dfrac{x}{x^2 - 4}}$

1.4 $f(x) = \sqrt{\sin x}$

Aufgabe 2   *Lös. S. 114*

Gegeben ist die Funktion f durch $f(x) = x \cdot \sqrt{2x + 6}$, $x \in D_f$.
Ihr Schaubild heiße K_f.

2.1   Bestimmen Sie den maximalen Definitionsbereich von f.
      Berechnen Sie die gemeinsamen Punkte von K_f und der x-Achse.
      Untersuchen Sie K_f auf Extrem- und Wendepunkte.

2.2   Zeichnen Sie das Schaubild K_f für $x \in [-3; 2]$.

2.3   Von $P(0|-2)$ aus kann an K_f im dritten Feld genau eine Tangente gelegt werden. Zeigen Sie, daß für die Berührpunktsabszisse gilt: $u^4 - 8u + 24 = 0$. Berechnen Sie u nach dem Newtonverfahren auf zwei Nachkommastellen gerundet.

2.4   Die Kurve schließt mit der x-Achse eine Fläche ein.
      Berechnen Sie den Inhalt dieser Fläche.

2.5   Welche geometrische Bedeutung hat für $z \geq -3$ das Integral
      $$I(z) = \int_{-3}^{z} f(x)\, dx \ ?$$
      Bestimmen Sie die Lösungen der Gleichung $I(z) = 0$, $z \geq -3$.

2.6   Die von K_f und der x-Achse eingeschlossene Fläche rotiert um die x-Achse und erzeugt dabei einen Drehkörper.
      Welches Volumen hat dieser Körper?

2.7   Untersuchen Sie, ob es zwei parallele Ebenen im Abstand 1 Längeneinheit gibt, die orthogonal zur x-Achse sind und aus diesem Drehkörper einen Teilkörper vom Rauminhalt $\dfrac{5}{2}\pi$ Volumeneinheiten ausschneiden.

2.8   Die Funktion h wird erklärt durch
      $$h(x) = \begin{cases} f(x) & \text{für } -3 \leq x < 1 \\ k(x) = \sqrt{ax + b} & \text{für } 1 \leq x \leq 5 \end{cases}$$
      Ermitteln Sie $a, b \in \mathbb{R}$ so, daß h stetig und differenzierbar ist.

LK Mathematik — Klausur Nr. 11

Aufgabe 1

Bilden Sie zu jedem der folgenden Funktionsterme den Term der Ableitungsfunktion f'.

1.1 $f(x) = x^2 \cdot \cos^3 x$

1.2 $f(x) = (2x - 3\sin 4x)^3$

1.3 $f(x) = \dfrac{x}{\sin x}$

Aufgabe 2

Berechnen Sie die folgenden Integrale.

2.1 $\displaystyle\int_a^b \sin^4 x \, dx$

2.2 $\displaystyle\int_a^b \dfrac{\sin x}{\cos^2 x} \, dx$

Aufgabe 3

Zeigen Sie, daß für alle $n \in \mathbb{N}$, $n > 1$ gilt:

$$(n-1) \cdot \int_0^{\pi/4} \dfrac{1}{\cos^n x}\, dx = 2^{\frac{n}{2}-1} + (n-2) \cdot \int_0^{\pi/4} \dfrac{1}{\cos^{n-2} x}\, dx$$

Hinweis: Ersetzen Sie den Zähler des Integranden durch $\sin^2 x + \cos^2 x$.

Aufgabe 4

Gegeben ist die Funktion f durch die Gleichung $f(x) = -\dfrac{x}{2} + \cos x$ mit $x \in [-\pi; \pi]$. Die zugehörige Kurve heißt K.

4.1 Zeigen Sie, daß es im Intervall $[\dfrac{\pi}{4}; \dfrac{\pi}{3}]$ einen Schnittpunkt von K mit der x-Achse geben muß, und berechnen Sie die Abszisse dieses Punktes mit dem Newtonschen Näherungsverfahren auf drei Nachkommastellen gerundet.

4.2 Bestimmen Sie die Extrempunkte und die Wendepunkte von K.

4.3 Zeichnen Sie K im angegebenen Intervall (1 Längeneinheit = 2 cm).

4.4 Die Kurve K, die x-Achse, die y-Achse und die Gerade mit der Gleichung $x = -\pi$ begrenzen eine Fläche. Berechnen Sie den Inhalt A dieser Fläche.

4.5 Im Wendepunkt der Kurve K im zweiten Feld werden die Tangente und die Normale eingezeichnet. Diese beiden Geraden schneiden aus der y-Achse eine Strecke aus. Wie lang ist diese Strecke?

Aufgabe 5

Erläutern Sie, wie Sie aus der bekannten Ableitung von f mit $f(x) = \sin x$ die Ableitung von g mit $g(x) = \cos x$ erhalten.

LK Mathematik   Klausur Nr. 12

Aufgabe 1

Gegeben sind die Funktionen f_t und g_t für $t \in \mathbb{R}^+$ und $x \in [0; 2\pi]$ durch $f_t(x) = \sqrt{2} - \frac{2}{t} \cdot \sin x$, $g_t(x) = t \cdot \sin x$. Die zugehörigen Kurven heißen K_f bzw. K_g.

1.1 Bestimmen Sie die Anzahl der gemeinsamen Punkte von K_f mit der x-Achse in Abhängigkeit von t.

1.2 Die Kurve K_f besitzt im angegebenen Intervall je einen Hoch- und einen Tiefpunkt sowie Wendepunkte.
Berechnen Sie diese Punkte.

1.3 Zeichnen Sie die Kurven K_f und K_g für $t = \sqrt{2}$ in dasselbe Koordinatensystem ein (1 Längeneinheit = 2 cm).
Erläutern Sie, durch welche geometrische Abbildung die gezeichneten Kurven auseinander hervorgehen.

1.4 Für welchen Wert von t schneiden sich K_f und K_g auf der Geraden mit der Gleichung $x = \frac{\pi}{6}$?
Wie heißen für diesen Wert von t alle Schnittpunkte beider Kurven?

1.5 Die beiden gezeichneten Kurven schließen eine Fläche ein.
Berechnen Sie den Inhalt A dieser Fläche.

1.6 Dieser Fläche wird nun dasjenige Rechteck mit achsenparallelen Seiten einbeschrieben, welches den größten Umfang besitzt.
Welche Abszissen haben die Eckpunkte dieses Rechtecks?

1.7 Im Intervall $[0; \pi]$ gibt es zwei Stellen, in denen für alle $t \in \mathbb{R}^+$ die Kurven K_f und K_g orthogonale Tangenten besitzen.
Ermitteln Sie diese Stellen.

Aufgabe 2

Gegeben ist die Funktion f durch $f(x) = \frac{\cos x}{x}$ mit $x \in \mathbb{R} \setminus \{0\}$.
Das Schaubild von f heißt K.

2.1 Untersuchen Sie K auf Symmetrie und Schnittpunkte mit der x-Achse.

2.2 Bestimmen Sie die Asymptoten von K.

2.3 Zeichnen Sie K und die Schaubilder zu g und $-g$ mit $g(x) = \frac{1}{x}$ in dasselbe Koordinatensystem ein (1 Längeneinheit = 1 cm).

2.4 Untersuchen Sie, ob und gegebenenfalls in welchen Punkten sich die gezeichneten Kurven berühren.

LK Mathematik   Klausur Nr. 13

Aufgabe 1   Lösung S. 13/18   139/140

Geben Sie zu den folgenden Funktionen jeweils den Term der Ableitungsfunktion f' an.

1.1 $f(x) = e^x - e^{-x}$, $x \in \mathbb{R}$

1.2 $f(x) = x^2 \cdot e^{2x-1}$, $x \in \mathbb{R}$

1.3 $f(x) = \sqrt{e^x}$, $x \in \mathbb{R}$

1.4 $f(x) = e^{(e^x)}$, $x \in \mathbb{R}$

Aufgabe 2

Berechnen Sie die folgenden Integrale.

2.1 $\int_0^2 \sqrt{e^{4x+1}}\, dx$ *elementar*

2.2 $\int_1^2 x \cdot e^{1-x}\, dx$ *Produktintegr.*

2.3 $\int_{-1}^1 x \cdot e^{(x^2)}\, dx$ *Substit.*

Aufgabe 3   Lös S. 140...

Gegeben ist für alle $t \in \mathbb{R}\setminus\{0\}$ die Funktionenschar durch
$$f_t(x) = \frac{e^x}{x+t}, \quad x \in D_t.$$
Die zugehörigen Kurven heißen K_t.

3.1   Untersuchen Sie K_t für allgemeines t auf Achsenschnittpunkte, Extrempunkte und Wendepunkte.

3.2   Auf welcher Kurve wandern die Extrempunkte, wenn t alle zugelassenen Werte durchläuft?

3.3   Geben Sie die Gleichungen aller Asymptoten von K_t an.

3.4   Zeichnen Sie K_1 mit den zugehörigen Asymptoten für $x \in [-3; 3]$ in ein Koordinatensystem ein (1 Längeneinheit = 1 cm).

3.5   Vom Koordinatenursprung O aus können an die gezeichnete Kurve zwei Tangenten gelegt werden.
Berechnen Sie die beiden Berührpunktsabszissen.

3.6   Begründen Sie für alle $x \leq -2$:
$$-e^x \leq \frac{e^x}{x+1} < 0.$$
Schätzen Sie damit die ins Unendliche reichende Fläche zwischen K_1, der negativen x-Achse und der Gerade mit der Gleichung $x = -2$ ab.

3.7   Die Fläche aus der vorherigen Teilaufgabe erzeugt bei Rotation um die x-Achse einen Drehkörper.
Zeigen Sie, daß diesem Drehkörper eine Volumenmaßzahl zugeordnet werden kann. *auch nur abschätzen*

LK Mathematik — Klausur Nr. 14

Aufgabe 1

Gegeben ist die Funktion f durch $f(x) = 4 - x^2 \cdot e^{-x}$, $x \in \mathbb{R}$.
Ihr Schaubild heißt K_f.

1.1 Untersuchen Sie K_f auf Hoch-, Tief- und Wendepunkte.

1.2 Zeichnen Sie K_f für $x \in [-2;5]$ (1 Längeneinheit = 2 cm).

1.3 Ermitteln Sie mit Hilfe des Newtonschen Näherungsverfahrens den einzigen Schnittpunkt von K_f mit der x-Achse. Brechen Sie das Verfahren ab, wenn sich die dritte Nachkommastelle nicht mehr ändert und runden Sie dann auf zwei Nachkommastellen.

1.4 Bestimmen Sie die Asymptoten des Schaubilds K_f.

1.5 Die Kurve K_f schließt mit ihrer waagrechten Asymptote und der Geraden mit der Gleichung $x = u$, $u > 0$, eine Fläche ein. Bestimmen Sie deren Inhaltsmaßzahl $A(u)$ und untersuchen Sie, ob $\lim_{u \to \infty} A(u)$ existiert.

Aufgabe 2

Gegeben ist für alle $t \in \mathbb{R}$ die Funktionenschar f_t durch
$f_t(x) = \frac{1}{4} \cdot e^x \cdot (e^x - 2t) - 2t^2$, $x \in \mathbb{R}$. Die Schaubilder heißen K_t.

2.1 Untersuchen Sie das Schaubild von f_t auf Schnittpunkte mit der x-Achse, Extrempunkte und Wendepunkte.

2.2 Auf welcher Kurve bewegen sich die Wendepunkte der Schaubilder von f_t, wenn t alle zugelassenen Werte durchläuft?

2.3 Welche Beziehung muß zwischen verschiedenen Parameterwerten t_1 und t_2 bestehen, wenn sich die zugehörigen Schaubilder in genau einem Punkt schneiden sollen?

LK MATHEMATIK   Klausur Nr. 15

Aufgabe 1

Es sei g eine differenzierbare Funktion mit dem Wertebereich $W_g = \mathbb{R}^+$ und $f(x) = \ln(g(x))$.

1.1 Bilden Sie die erste Ableitung f' von f und erläutern Sie, wie aus dem Ergebnis eine Integrationsregel gewonnen werden kann.

1.2 Berechnen Sie unter Verwendung der Regel aus 1.1 die folgenden Integrale.

$$I_1 = \int_1^2 \frac{x}{2x^2 + 1}\, dx \qquad\qquad I_2 = \int_{\frac{\pi}{6}}^{\frac{\pi}{3}} \tan x\, dx$$

1.3 Nun sei $g(x) = x$, $x > 1$. Die Normale im Kurvenpunkt $P(u|v)$ von K_f schneidet die x-Achse im Punkt Q. Das Lot von P auf die x-Achse trifft diese im Punkt R. Das Dreieck PQR erzeugt bei der Rotation um die x-Achse einen Drehkegel.
Wie muß man P wählen, damit der Rauminhalt dieses Kegels einen maximalen Wert annimmt?
Wie groß ist dieser maximale Rauminhalt?

Aufgabe 2

Gegeben sind die Funktionen f_t durch $f_t(x) = (t \cdot \ln x - 1)^2$, $x \in \mathbb{R}^+$, $t \in \mathbb{R}\setminus\{0\}$. Die zugehörigen Schaubilder heißen K_t.

2.1 Bestimmen Sie für allgemeines t die Schnittpunkte von K_t mit der x-Achse. Untersuchen Sie K_t auf Hoch-, Tief- und Wendepunkte.

2.2 Auf welcher Kurve liegen die Wendepunkte, wenn t alle zugelassenen Werte durchläuft?

2.3 Zeichnen Sie die Kurven K_1 und K_{-1} für $0 < x \leq 8$ in ein gemeinsames Koordinatensystem ein (1 Längeneinheit = 1 cm).

2.4 Weisen Sie nach, daß alle Kurven K_t einen gemeinsamen Punkt haben.

2.5 Die beiden gezeichneten Kurven schließen mit der x-Achse eine Fläche ein.
Berechnen Sie den Inhalt A dieser Fläche.

2.6 Von welchen Punkten der y-Achse aus kann man Tangenten an K_1 legen?

LK Mathematik   Klausur Nr. 16

Aufgabe 1

Gegeben ist die Funktion f durch

$$f(x) = \begin{cases} x \cdot \ln|x| & \text{für } x \neq 0 \\ 0 & \text{für } x = 0 \end{cases}$$

1.1 Untersuchen Sie f auf Stetigkeit und Differenzierbarkeit.

1.2 Prüfen Sie, ob das Schaubild von f punktsymmetrisch zum Koordinatenursprung O ist.

   Geben Sie damit an: $\int_{-a}^{+a} f(x)\, dx$, $a \in \mathbb{R}$.

1.3 Bestimmen Sie Schnittpunkte des Schaubilds von f mit der x-Achse und die Extrempunkte des Schaubilds von f.

Aufgabe 2

Berechnen Sie die folgenden Integrale.

2.1 $\int_{2}^{4} x \cdot \ln(x^2 - 2)\, dx$ 2.2 $\int_{0}^{1} \frac{e^x}{3 - e^x}\, dx$

2.3 $\int_{2}^{4} \frac{x^2 + 1}{x^2 - 1}\, dx$

   Zeigen Sie dazu zunächst: $\frac{2}{x^2 - 1} = \frac{1}{x - 1} - \frac{1}{x + 1}$.

Aufgabe 3

Gegeben ist die Funktion f durch $f(x) = \sqrt{\frac{1}{x} \cdot \ln|x|}$ mit maximalem Definitionsbereich D_f und Schaubild K_f.

3.1 Bestimmen Sie D_f und untersuchen Sie das Verhalten von f beim Annähern an die Ränder des Definitionsbereichs.

3.2 Zeichnen Sie K_f (1 Längeneinheit = 2 cm).

3.3 Untersuchen Sie K_f auf Extrempunkte für $x \geq 1$.

NACH DEM LÖSEN

Nach dem Lösen der Aufgaben oder aber spätestens nach Ende der vorgegebenen Arbeitszeit:

1. Machen Sie eine kurze Erholungspause. Die haben Sie sich verdient, wenn Sie wirklich zwei Stunden lang konzentriert gearbeitet haben. Wenn Sie mit der Bearbeitung der Aufgaben nicht fertiggeworden sind, so fehlt es Ihnen möglicherweise noch an Übung. Unter allen Umständen sollten Sie sich noch etliche Übungsaufgaben aus dem Lehrbuch vornehmen.

2. Vergleichen Sie nun zunächst Ihre Endergebnisse mit den hier folgenden Kurzlösungen. Falls keine Übereinstimmungen vorliegen, so prüfen Sie Ihre Rechnung nach. Wenn Sie keine Fehler finden oder Ihnen eine Lösung überhaupt nicht gelungen ist, so lesen Sie im Lösungsteil die einzelnen Rechenschritte nach. Die Lösungen sind so ausführlich angegeben, daß es Ihnen nicht schwerfallen sollte, herauszufinden, wo Sie einen Fehler gemacht haben. Markieren Sie Ihre Fehler deutlich mit roter Farbe, damit Sie sich entsprechende Aufgaben später nocheinmal vornehmen. Hier müssen Sie streng mit sich selber sein!

3. Auch wenn Ihre Endergebnisse mit den angegebenen Lösungen übereinstimmen sollten, so heißt das noch nicht unbedingt, daß sich kein Fehler eingeschlichen hat. Vielleicht haben Sie selbst schon erlebt, daß sich mehrere Rechenfehler in einer Aufgabe gegenseitig aufheben können. Achten Sie bei Beweisen auf eine lückenlose Argumentation. Kontrollieren Sie daher sorgfältig Ihre Lösungsschritte.

4. Bei zeichnerischen Lösungen ist besondere Sorgfalt beim Vergleich angebracht. Haben Sie keine Linien oder geforderten Bezeichnungen vergessen? Sind die richtigen Teile der Figur mit der angegebenen Farbe versehen? Überprüfen Sie auch kritisch die Sauberkeit und den Gesamteindruck Ihrer Abbildungen.

5. Ein Tip zum Schluß: Wie wäre es, wenn Sie mit einem Klassenkameraden an demselben Nachmittag dieselbe Musterklausur bearbeiten und Sie am nächsten Tag Ihre Lösungen zur Korrektur austauschen würden? Auf keinen Fall sollten Sie dann aber vergessen, ausführlich über Ihre Fehler zu reden und Folgerungen für Ihr weiteres Übungsprogramm daraus ableiten.

LK Mathematik — Endergebnisse — Klausur Nr. 1

Aufgabe 1

1.1 Die Folge ist streng monoton wachsend.

1.2 Der Grenzwert der Folge ist $g = \frac{2}{3}$.

1.3 Für $\varepsilon = 0{,}001$ gilt $n_0 = 556$.

1.4 Die Bedingung $\frac{2}{5} < f(n) < \frac{3}{5}$ wird für $n \in \{2; 3; 4; 5; 6; 7\}$ erfüllt.

Aufgabe 2

2.1 $\lim\limits_{n \to \infty} \dfrac{\sqrt{n}}{n+1} = 0$.

2.2 $\lim\limits_{n \to \infty} \left[(2 - (-1)^n \cdot \dfrac{1}{n}) \cdot \dfrac{3 - n^2}{n^2 + 1} \right] = -2$.

2.3 Wegen $f(n) = 2^n$ hat die Folge keinen Grenzwert.

2.4 $\lim\limits_{n \to \infty} \left[(n + \dfrac{1}{n})^2 - (1 + n^2) \right] = 1$.

Aufgabe 3

3.1 Gegenbeispiel: $f(n) = (-1)^n \cdot n^2$, $n \in \mathbb{N}$.

3.2 Gegenbeispiel: $f(n) = (-1)^n \cdot \dfrac{1}{n}$, $n \in \mathbb{N}$.

3.3 Die Behauptung ist wahr. Beweis siehe ausführliche Lösung.

Aufgabe 4

4.1 Jede nicht-leere Teilmenge von reellen Zahlen, die eine obere Schranke hat, hat auch eine kleinste obere Schranke.

4.2 Man kann z.B. $M = \{x \in \mathbb{Q}^+ \mid x^2 \leq 2\}$ wählen.

Aufgabe 5

5.1 $A_{n+1} = \dfrac{5}{9} \cdot A_n$, $n \in \mathbb{N}$; $A_n = \left(\dfrac{5}{9}\right)^{n-1} \cdot A_1$, $n \in \mathbb{N}$.

5.2 Nachweis der Nullfolgeneigenschaft: Aus $|A_n| < \varepsilon$ folgt $n_0 = [(\lg \dfrac{\varepsilon}{A_1} : \lg \dfrac{5}{9}) + 1] + 1$. Ab $n_0 = 25$ ist der Flächeninhalt kleiner als $10^{-6} \cdot A_1$.

5.3 $U_n = \left(\dfrac{5}{3}\right)^{n-1} \cdot U_1$, $n \in \mathbb{N}$; die Folge ist streng monoton wachsend und divergent (geom. Folge).

Aufgabe 6

6.1 Induktionsbeweis siehe ausführliche Lösung.

6.2 Induktionsbeweis siehe ausführliche Lösung.

LK Mathematik   Endergebnisse   Klausur Nr. 2

Aufgabe 1

1.1 $f(3) = \frac{3}{5}$, $f(4) = \frac{1}{3}$, $f(5) = \frac{5}{21}$, $f(102) = \frac{51}{5020}$.

1.2 Die Folge ist streng monoton fallend.

1.3 Aus $|f(n)| < \varepsilon$ folgt $n_0 = \left[\frac{1 + \sqrt{1 + 16\varepsilon^2}}{2\varepsilon}\right] + 1$.

1.4 Für $\varepsilon = 10^{-3}$ gilt $n_0 = 1002$.

1.5 Als untere Schranke kann $s = 0$, als obere $S = \frac{3}{5} = f(3)$ gewählt werden.

Aufgabe 2

2.1 $\lim\limits_{n \to \infty} \frac{(n-1)^2}{1 - 2n^2} = -\frac{1}{2}$.

2.2 $\lim\limits_{n \to \infty} \frac{1}{n} \cdot \sin(n \cdot \frac{\pi}{4}) = 0$.

2.3 Die Folge ist divergent.

Aufgabe 3

3.1 Beispiele: $f(n) = (-1)^n \cdot n^3$, $n \in \mathbb{N}$; $f(n) = (-1)^n \cdot \sqrt{n}$, $n \in \mathbb{N}$.

3.2 Beispiele: $f(n) = -\frac{1}{2} - \frac{1}{n}$, $n \in \mathbb{N}$; $f(n) = -\frac{1}{2} - 2^{-n}$, $n \in \mathbb{N}$.

3.3 Beispiele: $f(n) = \sqrt{3} + \frac{1}{n^2}$, $n \in \mathbb{N}$

oder $f(1) = 2$, $f(n+1) = \frac{1}{2} \cdot (f(n) + \frac{3}{f(n)})$, $n \in \mathbb{N}$.

Aufgabe 4

4.1 Für die Folge der Flächeninhalte gilt $A(n) = (\frac{1}{2})^{n+3}$, $n \in \mathbb{N}_0$.
Dies ist eine geometrische Folge mit $A(0) = \frac{1}{8}$ und $q = \frac{1}{2}$,
daher eine Nullfolge.

4.2 Für $n \in \{14; 15; 16; 17; 18; 19\}$ gilt $10^{-6} \cdot A(0) < A(n) < 10^{-4} \cdot A(0)$.

4.3 $A_n = \sum\limits_{i=0}^{n} A(i) = A(0) \cdot \sum\limits_{i=0}^{n} (\frac{1}{2})^i = A(0) \cdot (2 - (\frac{1}{2})^n) < 2 \cdot A(0)$.

4.4 Die Strecke $P_i P_{i+1}$ hat die Länge $S(i) = (\frac{1}{2}\sqrt{2})^{i+1}$, $i \in \mathbb{N}_0$,
der Streckenzug $P_0 P_1 P_2 \ldots P_n$ hat die Länge
$S_n = \sum\limits_{i=0}^{n} (\frac{1}{2}\sqrt{2})^{i+1} = (1 + \sqrt{2}) \cdot (1 - (\frac{1}{2}\sqrt{2})^{n+1})$, $n \in \mathbb{N}_0$.

4.5 Der Grenzpunkt ist $P(\frac{2}{5} | \frac{1}{5})$.

Aufgabe 5

5.1 Induktionsbeweis siehe ausführliche Lösung.

5.2 Induktionsbeweis siehe ausführliche Lösung.

LK Mathematik — Endergebnisse — Klausur Nr. 3

Aufgabe 1

1.1 $F(x) = -\frac{1}{2}x^{-4}$ mit $D_F = \mathbb{R}\setminus\{0\}$

1.2 $F(x) = 3\cdot \sin x$ mit $D_F = \mathbb{R}$

1.3 $F(x) = \frac{1}{6}x^6 + \frac{1}{5}x^5$ mit $D_F = \mathbb{R}$

1.4 $F(x) = x$ mit $D_F = \mathbb{R}$

Aufgabe 2

2.1 Der Inhalt der Fläche zwischen der Kurve, der x-Achse und der Geraden mit der Gleichung $x = 6$ beträgt $\frac{36}{5}$ Flächeneinheiten.

Der Inhalt der Fläche zwischen der Kurve, der x-Achse und der Geraden mit der Gleichung $x = u$ beträgt $\frac{u^3}{30}$ Flächeneinheiten.

Aus der Bedingung der Aufgabe ergibt sich $u = 3\cdot \sqrt[3]{4} \approx 4{,}76$.

2.2 Die beiden Randgeraden des Streifens haben die Gleichungen $x = v$ und $x = v + 1$.

Aus der Bedingung $\int_v^{v+1} f(x)\,dx = 1$ folgt:

$v = \dfrac{-3 + \sqrt{357}}{6} \approx 2{,}65$.

Aufgabe 3

3.1 Die gesuchte Funktionsgleichung lautet $f(x) = x^3 - 3x^2 + 2x$.

3.2 Die Fläche hat einen Inhalt von $\frac{1}{12}$ Flächeneinheiten.

Aufgabe 4

4.1 Die Schnittpunkte mit der x-Achse sind $X_1(0|0)$, $X_2(4\cdot\sqrt{\frac{3}{t}}\,|0)$, $X_3(-4\cdot\sqrt{\frac{3}{t}}\,|0)$.
Der Hochpunkt ist $H_t(\frac{4}{\sqrt{t}}|\frac{8}{3}\sqrt{t})$,
der Tiefpunkt ist $T_t(\frac{-4}{\sqrt{t}}|\frac{-8}{3}\sqrt{t})$.

4.2 Schaubild für $t = 1$

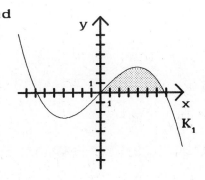

4.3 Die Kurve umschließt mit der x-Achse eine Gesamtfläche vom Inhalt 24 Flächeneinheiten.

4.4 Die Kurven K_1 und K_t schneiden sich bei $x_1 = 0$, $x_2 = \sqrt{\frac{48}{1+t}}$, $x_3 = -x_2$. Die eingeschlossene Fläche hat für $t > 1$ den Inhalt $A(t) = -12\cdot\frac{1-t}{1+t}$. Aus $A(t) = 6$ folgt $t = 3$. Die Gleichung der gesuchten Kurve ist somit $f_3(x) = -\frac{3}{16}x^3 + 3x$, $x \in \mathbb{R}$.

LK Mathematik Endergebnisse Klausur Nr. 4

Aufgabe 1

1.1 $\quad \int_{-2}^{2} (\frac{1}{4}x^3 + 1)\, dx = 4$
1.2 $\quad \int_{0}^{2} (\frac{x}{2} - \sqrt{2x})\, dx = -\frac{5}{3}$

1.3 $\quad \int_{0}^{1} (ax^2 + bx + c)\, dx = \frac{a}{3} + \frac{b}{2} + c$
1.4 $\quad \int_{-1}^{2} |x^3 - x|\, dx = \frac{3}{4}$

Aufgabe 2

2.1   Die Gleichung der gesuchten Parabel heißt $f(x) = -x^2 + 6x$.

2.2   Die beiden Teilflächen stehen im Verhältnis 2:1.

Aufgabe 3

3.1   Wenn man $t = 3$ wählt, so beträgt der Inhalt der Fläche zwischen Kurve K_t und der x-Achse $\frac{9}{2}$ Flächeneinheiten.

3.2   Der Drehkörper hat einen Rauminhalt von $\frac{81}{10}\pi \approx 25{,}45$ Volumeneinheiten.

Aufgabe 4

4.1   Man bildet die neue Funktion g mit $g(x) = f(x) - y_P$. Ihr Schaubild ist punktsymmetrisch zu O und sie ist auf $[-a;a]$ ebenfalls integrierbar mit

$$\int_{-a}^{a} g(x)\, dx = 0 \;.$$

Andererseits weiß man:

$$\int_{-a}^{a} g(x)\, dx = \int_{-a}^{a} (f(x) - y_P)\, dx = \int_{-a}^{a} f(x)\, dx - 2ay_P \;.$$

Durch Vergleich erhält man die Behauptung.

4.2   Man zeigt, daß das Schaubild von f punktsymmetrisch ist zu $P(0|1)$. Dann gilt mit 4.1

$$\int_{-\frac{\pi}{2}}^{\frac{\pi}{2}} (1 + \sin^3 x)\, dx = \pi \;.$$

Aufgabe 5

Man bestimmt $g'(x_0) = \dfrac{[f'(x_0)]^2 - f(x_0)f''(x_0)}{[f'(x_0)]^2}$ und nutzt aus, daß

$g(x_0) = \dfrac{f(x_0)}{f'(x_0)} = 0$, also $f(x_0) = 0$. Dann ergibt sich $g'(x_0) = 1$ und damit der Steigungswinkel $45°$ an der Stelle x_0.

LK Mathematik   Endergebnisse   Klausur Nr. 5

Aufgabe 1

1.1   Die Funktion f ist für s = t = −1 auf ganz R stetig und differenzierbar.

1.2   Schaubild zu

$$f(x) = \begin{cases} x^2 - 1 & \text{für } x < 1 \\ 1 - \dfrac{1}{x^2} & \text{für } x \geq 1 \end{cases}$$

1.3   Die Fläche hat den Inhalt $\dfrac{4}{3}(2 + \sqrt{2}) \approx 4{,}55$ Flächeneinheiten.

1.4   Der Rauminhalt des Drehkörpers beträgt $\dfrac{2}{3}\pi \approx 2{,}09$ Volumeneinheiten.

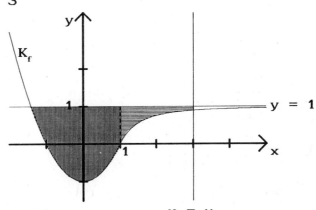

Aufgabe 2

2.1 $f'(x) = \dfrac{6x + 8}{(x + 3)^3}$; $f''(x) = \dfrac{-12x - 6}{(x + 3)^4}$;

$f'''(x) = \dfrac{36x - 12}{(x + 3)^5}$.

2.2 $f'_t(x) = \dfrac{2t \cdot (-x^2 + t)}{(x^2 + t)^2}$; $f''_t(x) = \dfrac{4t \cdot (x^3 - 3tx)}{(x^2 + t)^3}$

$f'''_t(x) = \dfrac{12t \cdot (-x^4 + 6tx^2 - t^2)}{(x^2 + t)^4}$.

Aufgabe 3

3.1   Für alle Werte von t mit −24 < t ≤ 0 oder t = 1 liegt genau ein Schnittpunkt der Parabel mit der x-Achse in]0;6[.

3.2   Die beiden Flächenstücke sind für t = −6 gleich groß.

Aufgabe 4

4.1   Schaubild siehe ausführliche Lösung.

4.2   Das Volumen des Körpers beträgt $\dfrac{72}{5} = 14{,}4$ Volumeneinheiten.

LK Mathematik · Endergebnisse · Klausur Nr. 6

Aufgabe 1

1.1 Der Schnittpunkt mit der x-Achse ist X(4|0), der Schnittpunkt mit der y-Achse ist Y(0|4), die Tangente an die Kurve in Y hat die Gleichung $t(x) = -2x + 4$, $x \in \mathbb{R}$.

1.2 Schaubild

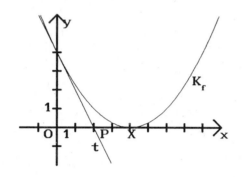

1.3 Das von der Kurve K_f, der Tangente t und der x-Achse eingeschlossene Flächenstück hat den Inhalt $\frac{4}{3} \approx 1,33$ Flächeneinheiten.

1.4 Der Drehkörper hat das Volumen $\frac{32}{15} \cdot \pi \approx 6,70$ Volumeneinheiten.

1.5 Die größtmögliche Schnittfigur ist der Kreisring an der Stelle $x = 6 - 2\sqrt{5}$. Er hat einen Inhalt von etwa 4,53 Flächeneinheiten.

Aufgabe 2

2.1 Wenn $\displaystyle\int_{t}^{2t} \frac{4}{x^2}\, dx = \frac{28}{3}$, dann $t = \frac{3}{14}$.

2.2 Wenn $\displaystyle\int_{-2}^{1} (x^2 + t)\, dx = 10$, dann $t = \frac{7}{3}$.

2.3 Wenn $\displaystyle\int_{t}^{1} \frac{x + \sqrt{x}}{\sqrt{x}}\, dx = \frac{5}{3}$, dann $t = 0$.

Aufgabe 3

Die Gleichung der gesuchten Parabel heißt $f(x) = \frac{1}{8}x^3 - 2x$, $x \in \mathbb{R}$.

Aufgabe 4

Es läßt sich zeigen, daß $\displaystyle\frac{2}{5} \leq \int_{-1}^{2} \frac{x}{1 + x^2}\, dx \leq \frac{1}{2}$ gilt.

LK Mathematik — Endergebnisse — Klausur Nr. 7

Aufgabe 1

1.1 $f'(x) = \dfrac{-7x - 3}{(x - 1)^3}$

1.2 $f'(x) = 2 \cdot \dfrac{(3x + 1)\cdot(-3x^2 - 2x - 12)}{(x^2 - 4)^3}$

1.3 $f'(x) = \dfrac{(x + 2)^2 \cdot (x - 10)}{(x - 2)^3}$

1.4 $f_t'(x) = \dfrac{2t \cdot (x + t)}{(t - x)^3}$

Aufgabe 2

2.1 f hat Nullstelle $x = -\tfrac{1}{2}$, bei $x = 0$ und bei $x = 3$ einen Pol mit Vorzeichenwechsel; ferner gilt: $\lim\limits_{|x|\to\infty} f(x) = 0$.

2.2 f besitzt keine Nullstellen, bei $x = 2$ eine hebbare Definitionslücke mit $\lim\limits_{x\to 2} f(x) = \tfrac{7}{4}$, bei $x = -2$ einen Pol mit Vorzeichenwechsel. Wenn $|x| \to \infty$, dann $|f(x)| \to \infty$. Die schiefe Asymptote hat die Gleichung $a(x) = x - 2$, $x \in \mathbb{R}$.

2.3 f besitzt keine Nullstellen, bei $x = t\sqrt{2}$ bzw. $x = -t\sqrt{2}$ je ein Pol mit Vorzeichenwechsel und bei $x = 0$ eine hebbare Definitionslücke mit $\lim\limits_{x\to 0} f(x) = 0$. Ferner gilt $\lim\limits_{|x|\to\infty} f(x) = 0$.

Aufgabe 3

3.1 K_t ist weder symmetrisch zum Koordinatenursprung O noch zur y-Achse. Die x-Achse ist waagrechte Asymptote, die y-Achse ist senkrechte Asymptote.

3.2 Der Schnittpunkt mit der x-Achse ist $X_t(\tfrac{1}{2}t \mid 0)$, der Tiefpunkt $T_t(t \mid -\tfrac{2}{t})$, der Wendepunkt $W_t(\tfrac{3}{2}t \mid -\tfrac{16}{9t})$.

3.3 Schaubild K_2
Es gilt: $f_2(x) = \dfrac{4}{x^2} - \dfrac{4}{x}$, $x \in \mathbb{R}\setminus\{0\}$,
$X_2(1 \mid 0)$,
$T_2(2 \mid -1)$,
$W_2(3 \mid -\tfrac{8}{9})$.

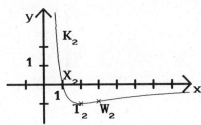

3.4 Für $t = \tfrac{4}{3}$ besitzt die Normale im Wendepunkt die Steigung -3.

3.5 Der Drehkörper hat ein Volumen von $\tfrac{2}{3}\pi \approx 2{,}09$ Volumeneinheiten.

Aufgabe 4

4.1 Eine mögliche Lösung lautet $f(x) = 2 \cdot \dfrac{(x-2)(x+2)}{x^2}$, $x \in \mathbb{R}\setminus\{0\}$.

4.2 $f(x) = x - 1 + \dfrac{1}{x^2}$, $x \in \mathbb{R}\setminus\{0\}$.

LK Mathematik   Endergebnisse   Klausur Nr. 8

Aufgabe 1

Es gilt $\lim\limits_{x \to x_0} f(x) = \lim\limits_{x \to x_0} \dfrac{f(x) - f(x_0)}{x - x_0} = \lim\limits_{x \to x_0} \left(-\dfrac{1}{x \cdot x_0}\right) = -\dfrac{1}{x_0^2}$.

Aufgabe 2

Die schiefe Asymptote hat die Gleichung $a(x) = \dfrac{x}{2}$, $x \in \mathbb{R}$. Der Kurventiefpunkt ist $T(2|\tfrac{3}{2})$.
Die Fläche zwischen der Kurve, der schiefen Asymptote und den Geraden mit den Gleichungen $x = 2$ und $x = u$, $u > 2$ beträgt
$A(u) = -\dfrac{2}{u} + 1$. Daraus erhält man $A = \lim\limits_{u \to \infty} A(u) = 1$.

Aufgabe 3

3.1   Die Schnittpunkte von K_f mit der x-Achse sind $X_1(0|0)$ und $X_2(-2|0)$.
      K_f ist symmetrisch zum Koordinatenursprung O. Die senkrechten Asymptoten haben die Gleichungen $x = 1$ bzw. $x = -1$.
      Die Gerade mit der Gleichung $y = 1$ ist die waagrechte Asymptote.

3.2   Für die Ableitungen gilt: $f'(x) = -2 \cdot \dfrac{x^2 + x + 1}{(x^2 - 1)^2}$,
      $f''(x) = 2 \cdot \dfrac{2x^3 + 3x^2 + 6x + 1}{(x^2 - 1)^3}$.
      K_f hat keinen Extrempunkt. Das Newtonverfahren zur Lösung der Gleichung $2x^3 + 3x^2 + 6x + 1 = 0$ führt auf den Wendepunkt $W(-0,181|0,341)$.

3.3   Schaubild

3.4   Eine stetige Fortsetzung $\tilde{f}$ von f_t existiert für $t = \dfrac{1}{4}$ und es gilt

$\tilde{f}(x) = \begin{cases} \dfrac{x}{x - \tfrac{1}{2}} & \text{für } x \in \mathbb{R}\setminus\{-\tfrac{1}{2};\tfrac{1}{2}\} \\ \dfrac{1}{2} & \text{für } x = -\dfrac{1}{2} \end{cases}$

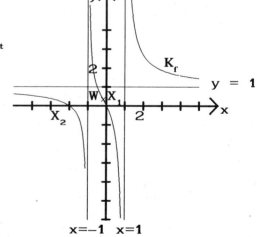

3.5   Das Schaubild von $\tilde{f}$ ist punktsymmetrisch zum Asymptotenschnittpunkt $Z(\tfrac{1}{2}|1)$.

3.6   Alle Kurven K_t mit $t \in \mathbb{R}^+\setminus\{\tfrac{1}{4}\}$ haben die beiden Punkte $S(0|0)$ und $T(-\tfrac{1}{2}|1)$ gemeinsam.

LK Mathematik   Endergebnisse   Klausur Nr. 9

Aufgabe 1

1.1 Der maximale Definitionsbereich ist $D_t = \{x \in \mathbb{R} \mid -t \leq x \leq t\}$.

1.2 Für alle $x \in]-t;0[$ ist f_t streng monoton steigend, für $x \in]0;t[$ streng monoton fallend.

1.3 Eine mögliche Rechtecksabschätzung ergibt $0 \leq I(t) \leq \frac{t^2}{4}\sqrt{3}$.
Sie läßt sich einfach verbessern zu $\frac{t^2}{8}\sqrt{3} \leq I(t) \leq \frac{t^2}{4}\sqrt{3}$.

1.4 Das Integral kann als Inhalt der Fläche zwischen dem Halbkreis um 0 mit Radius t, der negativen x-Achse und der Geraden mit der Gleichung $x = -\frac{t}{2}$ gedeutet werden. Elementargeometrische Überlegungen führen auf
$$I(t) = \left(\frac{\pi}{6} - \frac{\sqrt{3}}{8}\right) \cdot t^2.$$

Aufgabe 2

2.1 $\displaystyle\int_0^2 \frac{x}{\sqrt{4-x^2}}\,dx = 2$

2.2 $\displaystyle\int_{-1}^3 \sqrt{x^2}\,dx = 5$

2.3 $\displaystyle\int_1^{2\sqrt{2}} x\sqrt{1+x^2}\,dx = 9 - \frac{2}{3}\sqrt{2}$

Aufgabe 3

3.1 Die Kurve K_t hat die Punkte $X_1(0|0)$ und $X_2(t^2|0)$ mit der x-Achse gemeinsam.
Der Hochpunkt der Kurve heißt $H_t\left(\frac{t^2}{4} \Big| \frac{t^2}{4}\right)$. Die Hochpunkte wandern auf der Geraden mit $g(x) = x$, $x > 0$, wenn t alle zugelassenen Werte durchläuft.

3.2 Die Kurve ist eine Rechtskurve. Schaubild für $t = 2$ mit $X_1(0|0)$, $X_2(4|0)$, $H_2(1|1)$ und $f_2(x) = 2\sqrt{x} - x$, $0 \leq x \leq 4$.

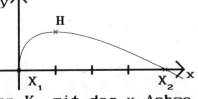

3.3 In den Schnittpunkten $X_2(t^2|0)$ von K_t mit der x-Achse ergibt sich als Kurvensteigung unabhängig von t immer $-\frac{1}{2}$.
Damit beträgt der Schnittwinkel etwa $-26{,}6°$ (bzw. $153{,}4°$).

3.4 Die Fläche zwischen K_t und der x-Achse hat das Maß $\frac{1}{6}t^4$ Flächeneinheiten.

3.5 Der entstehende Rotationskörper besitzt den Rauminhalt $\frac{\pi}{30}t^6$ Volumeneinheiten.

Aufgabe 4

4.1 Für den maximalen Definitionsbereich erhält man
$D_f = \{x \in \mathbb{R} \mid x \leq 2 \text{ oder } x > 3\}$.

4.2 Die Gerade mit der Gleichung $x = 3$ ist senkrechte Asymptote.
Für die schiefen Asymptoten erhält man die Gleichungen
$a_1(x) = x + \frac{1}{2}$ bzw. $a_2(x) = -x - \frac{1}{2}$.

LK Mathematik — Endergebnisse — Klausur Nr. 10

Aufgabe 1

1.1 $f'(x) = \dfrac{x}{\sqrt{x^2 + 9}}$

1.2 $f'(x) = \dfrac{x + 3}{2 \cdot (x + 1)^{\frac{3}{2}}}$

1.3 $f'(x) = -\dfrac{x^2 + 4}{2 \cdot \sqrt{\dfrac{x}{x^2 - 4}} \cdot (x^2 - 4)^2}$

1.4 $f'(x) = \dfrac{\cos x}{2 \cdot \sqrt{\sin x}}$

Aufgabe 2

2.1 Der Definitionsbereich ist $D_f = \{x \in \mathbb{R} \mid x \geq -3\}$. Die gemeinsamen Punkte von K_f und der x-Achse sind $X_1(0|0)$ und $X_2(-3|0)$. Der Tiefpunkt ist $T(-2|-2\sqrt{2})$. Wendepunkte gibt es nicht.

2.2 Schaubild

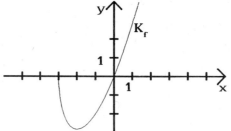

2.3 Aus $m_t = f'(u) = 3 \cdot \dfrac{u + 2}{\sqrt{2u + 6}}$ und $m_t = \dfrac{y_B - y_P}{x_B - x_P} = \sqrt{2u + 6} + \dfrac{2}{u}$ ergibt sich durch Gleichsetzen $u^4 - 8u - 24 = 0$.
Das Newtonverfahren liefert im Intervall $[-3; 0[$ auf zwei Nachkommastellen gerundet die Lösung $u = -1{,}77$.

2.4 Für das Integral $I = \int_a^b x \cdot \sqrt{2x + 6}\, dx$ ergibt sich durch Produktintegration: $I = \dfrac{1}{5}\left[(2x + 6)^{\frac{3}{2}} \cdot (x - 2)\right]_a^b$.
Daraus folgt der gesuchte Flächeninhalt $A = \dfrac{12}{5}\sqrt{6}$ Flächeneinheiten.

2.5 Das Integral gibt den orientierten Flächeninhalt zwischen K_f, x-Achse und den Geraden $x = -3$, $x = z$, $z \geq -3$ an.
Aus $I(z) = 0$ folgt $z_1 = -3$, $z_2 = 2$.

2.6 Der Drehkörper hat das Volumen $\dfrac{27}{2} \cdot \pi$ Volumeneinheiten.

2.7 Für die beiden Ebenen mit den Gleichungen $x = w$, $x = w + 1$ mit $-3 \leq w \leq -1$ führt die Bedingung $\pi \cdot \int_w^{w+1} [f(x)]^2\, dx = \dfrac{5}{2} \cdot \pi$ auf $2w^3 + 9w^2 + 8w = 0$. Die Lösung $w = \dfrac{-9 + \sqrt{17}}{4}$ erfüllt als einzige die Forderungen der Aufgabenstellung.

2.8 Die Stetigkeitsforderung führt auf $\sqrt{a + b} = 2\sqrt{2}$, die Differenzierbarkeitsforderung auf $\dfrac{9}{2\sqrt{2}} = \dfrac{a}{2\sqrt{a + b}}$. Aus beiden Bedingungen ergibt sich $a = 18$, $b = -10$.

LK Mathematik   Endergebnisse   Klausur Nr. 11

Aufgabe 1
1.1 $f'(x) = x \cdot \cos^2 x \cdot (2 \cdot \cos x - 3x \cdot \sin x)$
1.2 $f'(x) = 6 \cdot (2x - 3 \cdot \sin 4x)^2 \cdot (1 - 6 \cdot \cos 4x)$
1.3 $f'(x) = \dfrac{\sin x - x \cdot \cos x}{\sin^2 x}$

Aufgabe 2
2.1   Zweimalige Durchführung der Produktintegration ergibt:

$$I = \int_a^b \sin^4 x \, dx.$$

$$I = \frac{1}{4} \cdot \left[-\sin^3 x \cdot \cos x \right]_a^b + \frac{3}{4} \cdot \int_a^b \sin^2 x \, dx.$$

$$I = \frac{1}{4} \cdot \left[\frac{3}{2}x - \sin^3 x \cdot \cos x - \frac{3}{2}\sin x \cdot \cos x \right]_a^b.$$

2.2   Die Substitution $u(x) = \cos x$ ergibt $I = \int_a^b \dfrac{\sin x}{\cos^2 x} \, dx = \left[\dfrac{1}{\cos x} \right]_a^b$.

Aufgabe 3
Zunächst findet man:

$$\int_0^{\pi/4} \frac{1}{\cos^n x} \, dx = \int_0^{\pi/4} \frac{\sin^2 x + \cos^2 x}{\cos^n x} \, dx = \int_0^{\pi/4} \frac{\sin^2 x}{\cos^n x} \, dx + \int_0^{\pi/4} \frac{1}{\cos^{n-2} x} \, dx.$$

Mittels Produktintegration und $u(x) = \sin x$, $v'(x) = \dfrac{\sin x}{\cos^n x}$ erhält

man $I = \displaystyle\int_0^{\pi/4} \frac{\sin^2 x}{\cos^n x} \, dx = \frac{1}{n-1} \cdot (\sqrt{2})^{n-2} - \frac{1}{n-1} \cdot \int_0^{\pi/4} \frac{1}{\cos^{n-2} x} \, dx.$

Einsetzen, Zusammenfassen und Durchmultiplizieren mit $n - 1$ liefert sofort die Behauptung.

Aufgabe 4
4.1   Der Schnittpunkt mit der x-Achse ist $X(1,030 | 0)$.
4.2   K besitzt $H(-\frac{\pi}{6} | \frac{\pi}{12} + \frac{1}{2}\sqrt{3})$,
      $T(-\frac{5}{6}\pi | \frac{5}{12}\pi - \frac{1}{2}\sqrt{3})$,
      $W_1(\frac{\pi}{2} | -\frac{\pi}{4})$, $W_2(-\frac{\pi}{2} | \frac{\pi}{4})$.
      Absolut tiefster
      Kurvenpunkt ist $B(\pi | -\frac{\pi}{2} - 1)$.

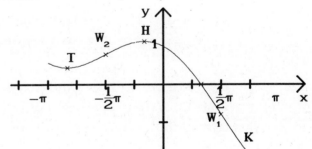

4.3   Schaubild

4.4   Die Fläche hat den Inhalt
      $\frac{1}{4}\pi^2 \approx 2,47$ Flächeneinheiten.
4.5   Die Tangente und die Normale zu K in W_2 schneiden auf der
      y-Achse eine Strecke der Länge $\frac{5}{4}\pi \approx 3,93$ Längeneinheiten aus.

Aufgabe 5
Wegen $g(x) = \cos x = \sin(\frac{\pi}{2} - x)$ und mit der Kettenregel erhält man
$g'(x) = \cos(\frac{\pi}{2} - x) \cdot (-1)$, woraus mit $\cos(\frac{\pi}{2} - x) = \sin x$ sofort das Ergebnis folgt.

LK Mathematik — Endergebnisse — Klausur Nr. 12

Aufgabe 1

1.1 Für $t = \sqrt{2}$ besitzt die zugehörige Kurve in $[0;2\pi]$ einen gemeinsamen Punkt mit der x-Achse, für $0 < t < \sqrt{2}$ gibt es zwei derartige Punkte.

1.2 Der Hochpunkt heißt $H_t(\frac{3}{2}\pi \mid \sqrt{2}+\frac{2}{t})$, der Tiefpunkt $T_t(\frac{\pi}{2} \mid \sqrt{2}-\frac{2}{t})$, die Wendepunkte sind $W_1(0 \mid \sqrt{2})$, $W_2(\pi \mid \sqrt{2})$, $W_3(2\pi \mid \sqrt{2})$.

1.3 Die Kurven K_f und K_g besitzen die Gleichungen
$f_{\sqrt{2}}(x) = \sqrt{2} - \sqrt{2}\cdot\sin x$, $g_{\sqrt{2}}(x) = \sqrt{2}\cdot\sin x$.
Schaubilder:

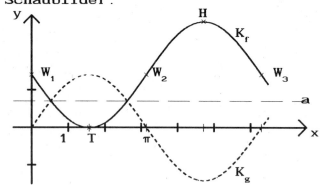
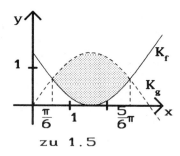

zu 1.5

Beide Kurven gehen durch eine Achsenspiegelung an der Achse a mit $a(x) = \frac{1}{2}\sqrt{2}$ auseinander hervor.

1.4 Die Kurven schneiden sich für $t = \sqrt{2}$ auf der Geraden mit der Gleichung $x = \frac{\pi}{6}$.
Für $t = \sqrt{2}$ existieren im angegebenen Intervall die beiden Schnittpunkte $S_1(\frac{\pi}{6} \mid \frac{1}{2}\sqrt{2})$, $S_2(\frac{5}{6}\pi \mid \frac{1}{2}\sqrt{2})$.

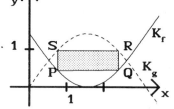

zu 1.6

1.5 Der Inhalt der Fläche hat die Maßzahl
$A = \sqrt{2}\cdot(2\sqrt{3} - \frac{2}{3}\pi) \approx 1{,}94$.

1.6 Die Abszissen der Rechtecks-Eckpunkte heißen $\frac{\pi}{4}$ bzw. $\frac{3}{4}\pi$.

1.7 Für alle $t > 0$ sind die Kurven K_f und K_g an den Stellen $x_1 = \frac{\pi}{4}$, $x_2 = \frac{3}{4}\pi$ orthogonal.

Aufgabe 2

2.1 Die Kurve K ist punktsymmetrisch zum Koordinatenursprung O. Die Schnittpunkte mit der x-Achse sind $X_k(\frac{\pi}{2}+k\cdot\pi \mid 0)$, $k \in \mathbb{Z}$.

2.2 Die y-Achse ist senkrechte, die x-Achse waagrechte Asymptote.

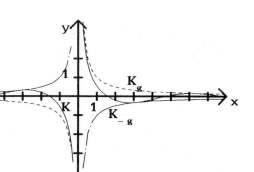

2.3 Schaubilder

2.4 Für $x < 0$ berühren sich K und K_g in den Punkten $A_k(k\cdot 2\pi \mid \frac{1}{k\cdot 2\pi})$, $k \in \mathbb{N}$; K und K_{-g} berühren sich in $B_k(\pi+k\cdot 2\pi \mid \frac{1}{\pi+k\cdot 2\pi})$, $k \in \mathbb{N}_0$.

LK Mathematik — Endergebnisse — Klausur Nr. 13

Aufgabe 1

1.1 $f'(x) = e^x + e^{-x}$

1.2 $f'(x) = (2x + x^2) \cdot e^{2x-1}$

1.3 $f'(x) = \frac{1}{2} \cdot \sqrt{e^x} = \frac{1}{2} e^{\frac{x}{2}}$

1.4 $f'(x) = e^x \cdot e^{(e^x)} = e^{x+e^x}$

Aufgabe 2

2.1 $\int_0^2 \sqrt{e^{4x+1}}\, dx = \frac{1}{2} \cdot \sqrt{e} \cdot (e^4 - 1)$

2.2 $\int_1^2 x \cdot e^{1-x}\, dx = 2 - \frac{3}{e}$

2.3 $\int_{-1}^1 x \cdot e^{(x^2)}\, dx = 0$

Aufgabe 3

3.1 Es gibt keinen Schnittpunkt mit der x-Achse, der Schnittpunkt mit der y-Achse ist $Y_t(0|\frac{1}{t})$, der Tiefpunkt $T_t(1-t|e^{1-t})$. Wendepunkte existieren nicht.

3.2 Die Tiefpunkte wandern auf der Kurve mit der Gleichung $g(x) = e^x$, $x \in \mathbb{R} \setminus \{1\}$.

3.3 Die senkrechte Asymptote hat die Gleichung $x = -t$.
Die waagrechte Asymptote ist die (negative) x-Achse.

3.4 Schaubild K_1 von $f_1(x) = \frac{e^x}{x+1}$, $x \in \mathbb{R} \setminus \{-1\}$, $Y(0|1) = T$.
Gleichung der senkrechten Asymptote: $x = -1$.
Gleichung der waagrechten Asymptote: $y = 0$.

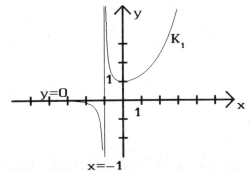

3.5 Die gesuchten Berührpunktsabszissen heißen $u_1 = \frac{1+\sqrt{5}}{2}$ bzw. $u_2 = \frac{1-\sqrt{5}}{2}$.

3.6 Für alle $x \in \mathbb{R}$ gilt $e^x > 0$, daher insbesondere auch für $x \leq -2$. Für $x \leq -2$ folgt $x + 1 < 0$, daher $\frac{e^x}{x+1} < 0$.
Der linke Teil der Ungleichungskette kann folgendermaßen äquivalent umgeformt werden:

$-e^x \leq \frac{e^x}{x+1} \Leftrightarrow 0 \leq \frac{e^x}{x+1} + e^x \Leftrightarrow 0 \leq \frac{e^x(x+2)}{x+1}$.

Da die letzte Ungleichung für $x \leq -2$ erfüllt ist, trifft dies auch für die erste Ungleichung zu.
Für die ins Unendliche reichende Fläche ergibt sich $0 < A \leq e^{-2}$. Der Inhalt dieser Fläche beträgt also höchstens $e^{-2} \approx 0{,}14$ Flächeneinheiten.

3.7 Der ins Unendliche reichende Drehkörper hat ein Volumen von höchstens $\frac{\pi}{2} \cdot e^{-4} \approx 0{,}029$ Volumeneinheiten.

LK Mathematik — Endergebnisse — Klausur Nr. 14

Aufgabe 1

1.1 Die Kurve K_f besitzt den Hochpunkt $H(0|4)$, den Tiefpunkt $T(2|4-4e^{-2})$ und die Wendepunkte $W_1(0,59|3,81)$, $W_2(3,41|3,62)$.

1.2 Schaubild

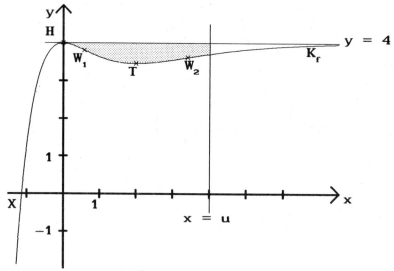

1.3 Der Schnittpunkt mit der x-Achse ist näherungsweise $X(-1,13|0)$.

1.4 Die waagrechte Asymptote hat die Gleichung $y = 4$.

1.5 Für die Flächenmaßzahl der Fläche zwischen der Kurve K_f, der Asymptote und der Geraden mit der Gleichung $x = u$, $u > 0$, ergibt sich $A(u) = 2 + e^{-u} \cdot (-u^2 - 2u - 2)$.
Ferner: $A = \lim\limits_{u \to \infty} A(u) = 2$.

Aufgabe 2

2.1 Für $t > 0$ gibt es den Schnittpunkt $X_t(\ln(4t)|0)$, für $t < 0$ $X_t(\ln(-2t)|0)$ mit der x-Achse. Für $t = 0$ existiert kein Schnittpunkt mit der x-Achse.
Für $t > 0$ hat die Kurve den Tiefpunkt $T_t(\ln t|-\frac{9}{4}t^2)$ und den Wendepunkt $W_t(\ln\frac{t}{2}|-\frac{35}{16}t^2)$.
Für $t \leq 0$ existieren weder Extrempunkte noch Wendepunkte.

2.2 Die Ortskurve der Wendepunkte hat die Gleichung
$y = -\frac{35}{4}e^{2x}$, $x \in \mathbb{R}$.

2.3 Zwei Schaubilder der Kurvenschar schneiden sich genau dann in einem Punkt, wenn für die zugehörigen Parameterwerte t_1, t_2, $t_1 \neq t_2$, gilt: $t_1 + t_2 < 0$.

LK Mathematik — Endergebnisse — Klausur Nr. 15

Aufgabe 1

1.1 Es gilt mit der Kettenregel $f'(x) = \dfrac{1}{g(x)} \cdot g'(x)$ und damit

$$\int_a^b \frac{g'(x)}{g(x)}\, dx = \Big[f(x)\Big]_a^b = \Big[\ln(g(x))\Big]_a^b .$$

1.2 $\quad I_1 = \displaystyle\int_1^2 \frac{x}{2x^2+1}\, dx = \tfrac{1}{4}\ln 3 \qquad I_2 = \displaystyle\int_{\pi/6}^{\pi/3} \tan x\, dx = \tfrac{1}{2}\ln 3$

1.3 Man muß $P(e^3\,|\,3)$ auf K_f wählen, damit der Drehkörper maximalen Rauminhalt $\dfrac{9\pi}{e^3} \approx 1{,}41$ Volumeneinheiten besitzt.

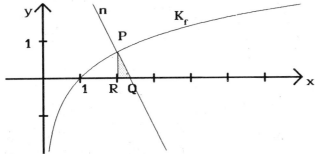

Aufgabe 2

2.1 Der Schnittpunkt mit der x-Achse heißt $X_t(e^{\frac{1}{t}}\,|\,0)$, der Tiefpunkt $T_t(e^{\frac{1}{t}}\,|\,0)$ stimmt mit diesem überein. Der Wendepunkt ist $W_t(e^{1+\frac{1}{t}}\,|\,t^2)$.

2.2 Die Wendepunkte wandern auf der Kurve mit der Gleichung
$$g(x) = \frac{1}{(\ln x - 1)^2},\quad x > 0,\ x \neq e,$$
wenn t alle zugelassenen Werte durchläuft.

2.3 Schaubilder K_1, K_{-1} mit $f_1(x) = (\ln x - 1)^2$, $T_1(e\,|\,0)$, $W_1(e^2\,|\,1)$ und $f_{-1}(x) = (-\ln x - 1)^2$, $T_{-1}(e^{-1}\,|\,0)$, $W_{-1}(1\,|\,1)$.

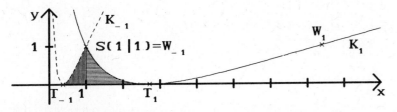

2.4 Der gemeinsame Punkt aller Kurven der Schar heißt $S(1\,|\,1)$.

2.5 Für den Inhalt der Fläche zwischen K_1, K_{-1} und der x-Achse erhält man $A = 2e - 2e^{-1} - 4 \approx 0{,}70$ Flächeneinheiten.

2.6 Von allen Punkten der y-Achse mit $y \geq -1$ gibt es Tangenten an die Kurve K_1.

LK Mathematik   Endergebnisse   Klausur Nr. 16

Aufgabe 1

1.1 Für $x \neq 0$ ist f als Produkt stetiger Funktionen stetig.
Mit der Regel von de L'Hospital erhält man schließlich
$\lim_{\substack{x \to 0 \\ x < 0}} f(x) = \lim_{\substack{x \to 0 \\ x > 0}} f(x) = f(0)$, also ist f auch bei $x_0 = 0$
stetig.
Für $x \neq 0$ ist f als Produkt differenzierbarer Funktionen differenzierbar.
Für $x \to 0$, $x > 0$ ergibt sich $f'(x) \to -\infty$, für $x \to 0$, $x < 0$ entsprechend $f'(x) \to -\infty$.
f ist also bei x_0 nicht differenzierbar.

1.2 Das Schaubild ist symmetrisch zum Koordinatenursprung.
Das gesuchte Integral hat den Wert 0.

1.3 Die Schnittpunkte mit der x-Achse heißen $X_1(0|0)$, $X_2(1|0)$, $X_3(-1|0)$. Die Kurve K_f hat den Hochpunkt $H(-e^{-1}|-e^{-1})$ und den Tiefpunkt $T(e^{-1}|-e^{-1})$.

Aufgabe 2

2.1 $\int_2^4 x \cdot \ln(x^2 - 2) \, dx = 7\ln 7 + 6\ln 2 - 6$

2.2 $\int_0^1 \frac{e^x}{3 - e^x} \, dx = \ln 2 - \ln(3 - e)$

2.3 $\int_2^4 \frac{x^2 + 1}{x^2 - 1} \, dx = 2 + 2\ln 3 - \ln 5$

Aufgabe 3

3.1 Definitionsbereich ist $D_f = \{x \in \mathbb{R} | -1 \leq x < 0 \text{ oder } x \geq 1\}$.
Ferner: $f(-1) = 0$, $f(x) \to +\infty$, falls $x \to 0$, $x < 0$.
$f(1) = 0$, $f(x) \to 0$, falls $x \to \infty$.

3.2 Schaubild

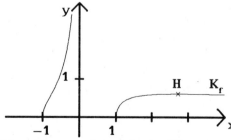

3.3 Die Kurve besitzt für $x \geq 1$ den Hochpunkt $H(e|\frac{1}{\sqrt{e}})$.

LK Mathematik   Lösungen   Klausur Nr. 1

Aufgabe 1

Gegeben ist die Folge $(f(n))$ durch $f(n) = \dfrac{2n - 1}{3n + 1}$, $n \in \mathbb{N}$.

1.1 Monotonieverhalten

Behauptung:
Die Folge ist streng monoton wachsend.
Beweis:
$$f(n+1) - f(n) = \frac{2(n+1) - 1}{3(n+1) + 1} - \frac{2n - 1}{3n + 1}$$

$$= \frac{2n + 1}{3n + 4} - \frac{2n - 1}{3n + 1}$$

$$= \frac{(2n + 1) \cdot (3n + 1) - (2n - 1) \cdot (3n + 4)}{(3n + 4) \cdot (3n + 1)}$$

$$= \frac{6n^2 + 2n + 3n + 1 - (6n^2 + 8n - 3n - 4)}{(3n + 4) \cdot (3n + 1)}$$

$$= \frac{5}{(3n + 4) \cdot (3n + 1)}$$

Für alle $n \in \mathbb{N}$ ist die Differenz $f(n+1) - f(n)$ positiv, $f(n+1)$ also größer als $f(n)$. Die Folge ist somit streng monoton wachsend.

1.2 Grenzwertberechnung

Behauptung:
Die Folge hat den Grenzwert $g = \dfrac{2}{3}$.
Beweis:
Es ist zu zeigen, daß es zu jedem beliebig kleinen positiven $\varepsilon \in \mathbb{R}$ ein $n_0 \in \mathbb{N}$ gibt, so daß für alle $n \geq n_0$ gilt $|f(n) - g| < \varepsilon$.

Äquivalenzumformungen liefern:
$$|f(n) - g| < \varepsilon$$

$$\left| \frac{2n - 1}{3n + 1} - \frac{2}{3} \right| < \varepsilon$$

$$\left| \frac{(2n - 1) \cdot 3 - 2 \cdot (3n + 1)}{(3n + 1) \cdot 3} \right| < \varepsilon$$

$$\left| \frac{6n - 3 - 6n - 2}{(3n + 1) \cdot 3} \right| < \varepsilon$$

$$\left| \frac{-5}{(3n + 1) \cdot 3} \right| < \varepsilon$$

$$\frac{5}{3 \cdot (3n + 1)} < \varepsilon$$

$$\frac{1}{3n + 1} < \frac{3 \cdot \varepsilon}{5}$$

$$3n + 1 > \frac{5}{3 \cdot \varepsilon}$$

LK Mathematik Lösungen Klausur Nr. 1

Aufgabe 1 (Fortsetzung)

$$3n > \frac{5}{3\cdot\varepsilon} - 1$$

$$n > \frac{1}{3}(\frac{5}{3\cdot\varepsilon} - 1)$$

$$n_0 = \left[\frac{1}{3}(\frac{5}{3\cdot\varepsilon} - 1)\right] + 1 \; .$$

Somit liegen für alle $n \geq n_0$ die Folgenglieder in der ε-Umgebung von $g = \frac{2}{3}$.
Dies war zu zeigen.

1.3 Nun sei $\varepsilon = 0,001$. Dann gilt mit dem Ergebnis der vorherigen Teilaufgabe:

$$n_0 = \left[\frac{1}{3}\cdot(\frac{5}{3\cdot 0,001} - 1)\right] + 1$$

$$n_0 = \left[\frac{1}{3}\cdot(\frac{5000}{3} - 1)\right] + 1$$

$$n_0 = 556 \; .$$

1.4 Folgeglieder im Intervall $]\frac{2}{5};\frac{3}{5}[$

Die gesuchten Folgeglieder müssen zwischen $\frac{2}{5}$ und $\frac{3}{5}$ liegen.
Daher lautet die Bedingung:

$$\frac{2}{5} < f(n) < \frac{3}{5} \; .$$

Äquivalenzumformungen ergeben:

$$\frac{2}{5} < \frac{2n-1}{3n+1} < \frac{3}{5} \quad |\cdot 5\cdot(3n+1), \; (3n+1) > 0$$

$$2\cdot(3n+1) < 5\cdot(2n-1) < 3\cdot(3n+1)$$

$$6n + 2 < 10n - 5 < 9n + 3$$

Linke Ungleichung:

$$6n + 2 < 10n - 5 \qquad |-10n - 2$$

$$-4n < -7 \qquad |:(-4)$$

(1) $\qquad n > \frac{7}{4} \; .$

Rechte Ungleichung:

$$10n - 5 < 9n + 3 \qquad |-9n + 5$$

(2) $\qquad n < 8 \; .$

Da (1) und (2) zugleich erfüllt werden müssen, ist die Bedingung genau für $n \in \{2;3;4;5;6;7\}$ erfüllt.

Aufgabe 2

2.1 $f(n) = \frac{\sqrt{n}}{n+1}$, $n \in \mathbb{N}$.

Kürzen durch $\sqrt{n}$ liefert:

LK Mathematik   Lösungen   Klausur Nr. 1

Aufgabe 2 (Fortsetzung)

$$f(n) = \frac{1}{\sqrt{n} + \frac{1}{\sqrt{n}}}.$$

Nun gilt: $\lim\limits_{n \to \infty} \frac{1}{\sqrt{n}} = 0$.

Damit erhält man:

$$\lim\limits_{n \to \infty} f(n) = \lim\limits_{n \to \infty} \frac{1}{\sqrt{n} + \frac{1}{\sqrt{n}}} = 0.$$

2.2 $f(n) = (2 - (-1)^n \cdot \frac{1}{n}) \cdot \frac{3 - n^2}{n^2 + 1}$, $n \in \mathbb{N}$.

Es ist $\lim\limits_{n \to \infty} \frac{1}{n} = 0$ und daher auch $\lim\limits_{n \to \infty} (-1)^n \cdot \frac{1}{n} = 0$.

Deshalb gilt für den Klammerterm:

$$\lim\limits_{n \to \infty} (2 - (-1)^n \cdot \frac{1}{n}) = 2.$$

Aus dem Bruchterm erhält man nach Kürzen durch n^2:

$$\frac{3 - n^2}{n^2 + 1} = \frac{-n^2 + 3}{n^2 + 1} = \frac{-1 + \frac{3}{n^2}}{1 + \frac{1}{n^2}}.$$

Wegen $\lim\limits_{n \to \infty} \frac{1}{n^2} = \lim\limits_{n \to \infty} \frac{3}{n^2} = 0$ ergibt sich somit:

$$\lim\limits_{n \to \infty} \frac{3 - n^2}{n^2 + 1} = -1.$$

Daraus folgt:

$$\lim\limits_{n \to \infty} f(n) = \lim\limits_{n \to \infty} (2 - (-1)^n \cdot \frac{1}{n}) \cdot \lim\limits_{n \to \infty} \frac{3 - n^2}{n^2 + 1}$$

$$\lim\limits_{n \to \infty} f(n) = 2 \cdot (-1)$$

$$\lim\limits_{n \to \infty} f(n) = -2.$$

2.3 $f(n) = 2^{n+1} - \frac{1}{2^{-n}}$, $n \in \mathbb{N}$.

Umformen ergibt:

$f(n) = 2^{n+1} - 2^n$

$f(n) = 2^n \cdot (2 - 1)$

$f(n) = 2^n$.

Diese Folge hat keinen Grenzwert, da der Term 2^n mit zunehmendem n über alle Grenzen wächst (geometrische Folge mit Anfangsglied $f(1) = 2$ und Quotient $q = 2$).

LK Mathematik Lösungen Klausur Nr. 1

Aufgabe 2 (Fortsetzung)

2.4 $f(n) = (n + \frac{1}{n})^2 - (1 + n^2)$, $n \in \mathbb{N}$.

Äquivalenzumformung liefert:

$$f(n) = n^2 + 2 + \frac{1}{n^2} - 1 - n^2$$

$$f(n) = 1 + \frac{1}{n^2}$$

Wegen $\lim_{n \to \infty} \frac{1}{n^2} = 0$ besitzt die Folge den Grenzwert 1.

Aufgabe 3

3.1 Behauptung:
Wenn eine Folge $(f(n))$ nicht monoton ist, dann ist sie beschränkt.
Diese Behauptung ist falsch.
Es gibt Folgen, die nicht monoton und unbeschränkt sind.
Beispiel: $f(n) = (-1)^n \cdot n^2$, $n \in \mathbb{N}$.

3.2 Behauptung:
Wenn eine Folge $(f(n))$ konvergent ist, dann ist sie auch monoton.
Diese Behauptung ist falsch.
Es gibt Folgen, die konvergent und nicht monoton sind.
Beispiel: $f(n) = (-1)^n \cdot \frac{1}{n}$ hat den Grenzwert $g = 0$.

3.3 Behauptung:
Wenn die Folgen $(f_1(n))$ und $(f_2(n))$ beides Nullfolgen sind, dann ist auch die Folge $(f_1(n) - f_2(n))$ eine Nullfolge.
Diese Behauptung ist wahr.
Beweis:
Nach Voraussetzung existiert zu jedem $\varepsilon_1 > 0$ ein $n_{01} \in \mathbb{N}$, so daß für alle $n \geq n_{01}$ gilt:
$$|f_1(n)| < \varepsilon_1.$$
Entsprechend existiert zu jedem $\varepsilon_2 > 0$ ein $n_{02} \in \mathbb{N}$, so daß für alle $n \geq n_{02}$ gilt:
$$|f_2(n)| < \varepsilon_2.$$
Zu zeigen ist nun, daß es zu jedem $\varepsilon > 0$ ein $n_0 \in \mathbb{N}$ derart gibt, daß für alle $n \geq n_0$ gilt:
$$|f_1(n) - f_2(n)| < \varepsilon.$$
Man erhält:
$$|f_1(n) - f_2(n)| = |f_1(n) + (-f_2(n))|$$
$$\leq |f_1(n)| + |-f_2(n)| \quad \text{Dreiecksungleichung}$$

LK Mathematik — Lösungen — Klausur Nr. 1

Aufgabe 3 (Fortsetzung)

$|f_1(n) - f_2(n)| < \varepsilon_1 + \varepsilon_2$ für alle $n \geq \max(n_{01}; n_{02})$

$|f_1(n) - f_2(n)| < \varepsilon$ mit $\varepsilon = 2 \cdot \max(\varepsilon_1; \varepsilon_2)$

Daher gibt es zu jedem $\varepsilon_1 > 0$ und $\varepsilon_2 > 0$ ein $\varepsilon > 0$ und ein $n_0 = \max(n_{01}; n_{02})$, so daß für alle $n \geq n_0$ gilt $|f_1(n) - f_2(n)| < \varepsilon$.

Daher ist die Differenzfolge $(f_1(n) - f_2(n))$ eine Nullfolge.

Aufgabe 4

4.1 Mögliche Formulierungen des Vollständigkeitsaxioms lauten:

"Jede nicht-leere Teilmenge von reellen Zahlen, die eine obere Schranke hat, hat auch eine kleinste obere Schranke."

oder:

"Jede monotone und beschränkte Folge ist konvergent."

4.2 Die Menge $\mathbb{Q}$ der rationalen Zahlen genügt nicht dem Vollständigkeitsaxiom, da es nicht-leere Teilmengen von $\mathbb{Q}$ gibt, die keine kleinste obere Schranke besitzen. Dies zeigt das Beispiel $M = \{x \in \mathbb{Q}^+ \mid x^2 \leq 2\}$. M ist nicht-leer, hat eine obere Schranke, z.B. $s = 1{,}5$, jedoch keine kleinste obere Schranke, da es keine rationale Zahl gibt, deren Quadrat 2 ist.

Aufgabe 5

Beim Übergang von einer Figur zur nächsten werden Quadrate in neue, untereinander gleich große Teilquadrate wie in der Abbildung zerlegt.

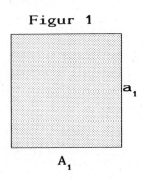
Figur 1 — a_1 — A_1

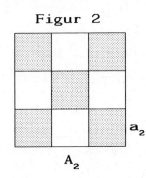
Figur 2 — a_2 — A_2

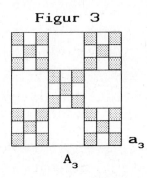
Figur 3 — a_3 — A_3

5.1 Für die Inhalte A_n, $n \in \mathbb{N}$, der schraffierten Flächen gilt:

$A_2 = \frac{5}{9} \cdot A_1$

$A_3 = \frac{5}{9} \cdot A_2 = \left(\frac{5}{9}\right)^2 \cdot A_1$

LK Mathematik   Lösungen   Klausur Nr. 1

Aufgabe 5 (Fortsetzung)

$$A_4 = \frac{5}{9} \cdot A_3 = \left(\frac{5}{9}\right)^3 \cdot A_1 .$$

Eine rekursive Beschreibung lautet daher:

$$A_{n+1} = \frac{5}{9} \cdot A_n , \quad n \in \mathbb{N} .$$

Allgemein folgt daraus für den Flächeninhalt der n-ten Figur:

$$A_n = \left(\frac{5}{9}\right)^{n-1} \cdot A_1 , \quad n \in \mathbb{N}$$

(Die Flächeninhalte bilden eine geometrische Folge.)

5.2 Behauptung:

Die Folge der Flächeninhalte ist eine Nullfolge.

Beweis:

Zu zeigen ist, daß es zu jedem $\varepsilon > 0$ ein $n_0 \in \mathbb{N}$ gibt, so daß für alle $n \geq n_0$ gilt $|A_n| < \varepsilon$.

Nun sei $\varepsilon > 0$ beliebig reell gewählt. Damit ergibt sich:

$$|A_n| < \varepsilon$$

$$\left|\left(\frac{5}{9}\right)^{n-1} \cdot A_1\right| < \varepsilon$$

$$\left(\frac{5}{9}\right)^{n-1} \cdot A_1 < \varepsilon$$

$$\left(\frac{5}{9}\right)^{n-1} < \frac{\varepsilon}{A_1}$$

$$(n-1) \cdot \lg\frac{5}{9} < \lg\frac{\varepsilon}{A_1} \qquad | : \lg\frac{5}{9} , \ \lg\frac{5}{9} < 0$$

$$n - 1 > \lg\frac{\varepsilon}{A_1} : \lg\frac{5}{9} \qquad |+ 1$$

$$n > \left(\lg\frac{\varepsilon}{A_1} : \lg\frac{5}{9}\right) + 1 .$$

Somit folgt

$$n_0 = \left[\left(\lg\frac{\varepsilon}{A_1} : \lg\frac{5}{9}\right) + 1\right] + 1 .$$

Für alle $n \geq n_0$ gilt also $|A_n| < \varepsilon$. Die Folge (A_n) ist daher eine Nullfolge.

Nun soll der Flächeninhalt kleiner werden als $10^{-6} \cdot A_1$. Die Bedingung lautet:

$$A_n < 10^{-6} \cdot A_1 .$$

Dies ist gleichwertig zu

$$\left(\frac{5}{9}\right)^{n-1} \cdot A_1 < 10^{-6} \cdot A_1$$

$$\left(\frac{5}{9}\right)^{n-1} < 10^{-6}$$

$$(n-1) \cdot \lg\frac{5}{9} < \lg 10^{-6} \qquad | : \lg\frac{5}{9} , \ \lg\frac{5}{9} < 0$$

LK Mathematik Lösungen Klausur Nr. 1

Aufgabe 5 (Fortsetzung)

$$n - 1 > -6 : \lg\frac{5}{9} \qquad |+ 1$$

$$n > 1 - 6 : \lg\frac{5}{9}$$

$$n > 24{,}50\ldots$$

In der 25. Figur ist der Flächeninhalt erstmals kleiner als $10^{-6} \cdot A_1$.

5.3 Für die Umfänge U_n, $n \in \mathbb{N}$, der schraffierten Figuren gilt:

$$U_1 = 4 \cdot a_1$$
$$U_2 = 5 \cdot 4 \cdot a_2 = 5 \cdot 4 \cdot \frac{1}{3} \cdot a_1 = \frac{5}{3} \cdot 4 \cdot a_1 = \frac{5}{3} \cdot U_1$$
$$U_3 = 5 \cdot 5 \cdot 4 \cdot a_3 = 5 \cdot 5 \cdot 4 \cdot \frac{1}{9} \cdot a_1 = (\frac{5}{3})^2 \cdot 4 \cdot a_1 = (\frac{5}{3})^2 \cdot U_1.$$

Allgemein erhält man daher:

$$U_n = (\frac{5}{3})^{n-1} \cdot U_1, \quad n \in \mathbb{N}.$$

Die Folge der Umfänge ist eine geometrische Folge mit dem Anfangswert $U_1 > 0$ und dem Quotienten $q = \frac{5}{3} > 1$.
Die Folge ist daher divergent und streng monoton wachsend.

Bemerkung:

Der angegebene Färbungsprozeß führt somit zu immer kleineren Flächen, die von Strecken mit ständig zunehmenden Längen berandet sind!

Aufgabe 6

6.1 Behauptung:

$$\sum_{k=1}^{n} \frac{1}{k \cdot (k+1)} = \frac{n}{n+1}, \quad n \in \mathbb{N}.$$

Beweis:

1. Induktionsanfang

Die Behauptung ist wahr für $n = 1$, denn

$$\frac{1}{1 \cdot (1+1)} = \frac{1}{1+1}.$$

2. Induktionsschritt

Induktionsannahme:

Die Behauptung sei wahr für $m \in \mathbb{N}$, also

$$\sum_{k=1}^{m} \frac{1}{k \cdot (k+1)} = \frac{m}{m+1}.$$

Aufgabe 6 (Fortsetzung)

Induktionsbehauptung:

Dann ist die Behauptung auch wahr für m + 1, also
$$\sum_{k=1}^{m+1} \frac{1}{k \cdot (k+1)} = \frac{m+1}{(m+1)+1}.$$

Induktionsbeweis:

$$\sum_{k=1}^{m+1} \frac{1}{k \cdot (k+1)} = \sum_{k=1}^{m} \frac{1}{k \cdot (k+1)} + \frac{1}{(m+1) \cdot ((m+1)+1)}$$

$$= \frac{m}{m+1} + \frac{1}{(m+1) \cdot (m+2)}$$

$$= \frac{m \cdot (m+2) + 1}{(m+1) \cdot (m+2)}$$

$$= \frac{m^2 + 2m + 1}{(m+1) \cdot (m+2)}$$

$$= \frac{(m+1)^2}{(m+1) \cdot (m+2)}$$

$$= \frac{m+1}{m+2}$$

$$= \frac{m+1}{(m+1)+1}.$$

3. Induktionsschluß

Da die Behauptung für n = 1 erfüllt ist und aus der Gültigkeit für ein beliebiges m ∈ N stets die Gültigkeit für m + 1 folgt, so ist die Behauptung für alle n ∈ N bewiesen.

6.2 Behauptung:

$n^3 + 5n$ ist für alle n ∈ N durch 3 teilbar, d.h. es existiert k ∈ N, so daß für alle n ∈ N gilt $n^3 + 5n = 3 \cdot k$.

Beweis:

1. Induktionsanfang

Die Behauptung ist wahr für n = 1, denn es gilt:
$$1^3 + 5 \cdot 1 = 3 \cdot 2.$$

2. Induktionsschritt

Induktionsannahme:

Die Behauptung sei wahr für m ∈ N, es existiert also k ∈ N so, daß gilt:
$$m^3 + 5m = 3 \cdot k.$$

Induktionsbehauptung:

Dann ist die Behauptung auch wahr für m + 1, es existiert

LK Mathematik   Lösungen   Klausur Nr. 1

Aufgabe 6 (Fortsetzung)

also $k' \in \mathbb{N}$ so, daß gilt:

$(m + 1)^3 + 5 \cdot (m + 1) = 3 \cdot k'$.

Induktionsbeweis:

$$\begin{aligned}(m + 1)^3 + 5 \cdot (m + 1) &= m^3 + 3m^2 + 3m + 1 + 5m + 5 \\ &= (m^3 + 5m) + (3m^2 + 3m + 6) \\ &= 3 \cdot k + 3 \cdot (m^2 + m + 2) \\ &= 3 \cdot (k + m^2 + m + 2) \\ &= 3 \cdot k' \ .\end{aligned}$$

Mit $k, m \in \mathbb{N}$ ist auch $k' = k + m^2 + m + 2$ eine natürliche Zahl.

3. Induktionsschluß

Da die Behauptung für $n = 1$ erfüllt ist und aus der Gültigkeit für ein beliebiges $m \in \mathbb{N}$ stets die Gültigkeit für $m + 1$ folgt, so ist die Behauptung für alle $n \in \mathbb{N}$ bewiesen.

LK Mathematik Lösungen Klausur Nr. 2

Aufgabe 1

Gegeben ist die Folge (f(n)) durch $f(n) = \dfrac{n}{n^2 - 4}$, $n \in \mathbb{N}\setminus\{1;2\}$.

1.1 Folgeglieder

Die ersten drei Folgeglieder sind

$f(3) = \dfrac{3}{5}$, $f(4) = \dfrac{4}{12} = \dfrac{1}{3}$, $f(5) = \dfrac{5}{21}$,

das 100. Folgeglied ist $f(102) = \dfrac{102}{102^2 - 4} = \dfrac{51}{5200}$.

1.2 Monotonieverhalten

Behauptung:

Die Folge ist streng monoton fallend.

Beweis:

$$f(n+1) - f(n) = \dfrac{n+1}{(n+1)^2 - 4} - \dfrac{n}{n^2 - 4}, \quad n \in \mathbb{N}\setminus\{1;2\}$$

$$= \dfrac{(n+1)(n^2 - 4) - n((n+1)^2 - 4)}{((n+1)^2 - 4)\cdot(n^2 - 4)}$$

$$= \dfrac{n^3 - 4n + n^2 - 4 - n(n^2 + 2n - 3)}{((n+1)^2 - 4)\cdot(n^2 - 4)}$$

$$= \dfrac{n^3 + n^2 - 4n - 4 - n^3 - 2n^2 + 3n}{((n+1)^2 - 4)\cdot(n^2 - 4)}$$

$$= \dfrac{-n^2 - n - 4}{((n+1)^2 - 4)\cdot(n^2 - 4)}$$

$$= -\dfrac{n^2 + n + 4}{((n+1)^2 - 4)\cdot(n^2 - 4)}$$

Der Nenner des Bruches ist für alle zugelassenen Werte von n als Produkt positiver Zahlen positiv. Der Zähler ist als Summe positiver Zahlen positiv. Daher ist der Bruch positiv und die Differenz $f(n+1) - f(n)$ ist negativ. Die Folge ist demnach streng monoton fallend.

1.3 Nullfolgeneigenschaft

Zu zeigen ist, daß es zu jedem beliebig kleinen reellen $\varepsilon > 0$ ein $n_0 \in \mathbb{N}$ gibt, so daß für alle $n \geq n_0$ gilt $|f(n)| < \varepsilon$. Aus der Bedingung $|f(n)| < \varepsilon$ folgt durch Äquivalenzumformungen:

$$\left|\dfrac{n}{n^2 - 4}\right| < \varepsilon$$

$$\dfrac{n}{n^2 - 4} < \varepsilon, \quad \text{da } \dfrac{n}{n^2 - 4} > 0 \text{ für } n \in \mathbb{N}\setminus\{1;2\}$$

$$n < \varepsilon(n^2 - 4)$$

$$0 < \varepsilon n^2 - 4\varepsilon - n$$

LK Mathematik Lösungen Klausur Nr. 2

Aufgabe 1 (Fortsetzung)

(∗) $\varepsilon n^2 - n - 4\varepsilon > 0$.

Lösung der zugehörigen Gleichung führt auf die Produktdarstellung von (∗):

$$\varepsilon n^2 - n - 4\varepsilon = 0$$

$$n_{1;2} = \frac{1 \pm \sqrt{1 + 16\varepsilon^2}}{2\varepsilon}$$

$\varepsilon(n - n_1) \cdot (n - n_2) > 0$.

Da $\varepsilon > 0$, folgt zusammen mit $n_1 > n_2$ und $n_2 < 0$:

$(n - n_1 > 0$ und $n - n_2 > 0)$ oder $(n - n_1 < 0$ und $n - n_2 < 0)$

$n > n_1$ oder $n < n_2$.

$n > n_1$

$$n > \frac{1 + \sqrt{1 + 16\varepsilon^2}}{2\varepsilon}.$$

$$n_0 = \left[\frac{1 + \sqrt{1 + 16\varepsilon^2}}{2\varepsilon}\right] + 1.$$

Zu $\varepsilon > 0$ existiert daher n_0 so, daß für alle $n \geq n_0$ gilt $|f(n)| < \varepsilon$. Die Folge ist demnach eine Nullfolge.

1.4 Folgeglieder in $U_\varepsilon(0)$

Mit $\varepsilon = 10^{-3}$ und dem Ergebnis der vorherigen Teilaufgabe gilt:

$$n_0 = \left[\frac{1 + \sqrt{1 + 16 \cdot 10^{-6}}}{2 \cdot 10^{-3}}\right] + 1$$

$$n_0 = 1002 .$$

Alle Folgeglieder ab dem 1002. liegen in der genannten ε-Umgebung von 0.

1.5 Schranken

Die Folge ist streng monoton fallend. Daher ist das erste Folgeglied $f(3)$ das größte. Es kann als obere Schranke S gewählt werden: $S = f(3) = \frac{3}{5}$.
Die Folge ist darüber hinaus eine Nullfolge mit nur positiven Folgegliedern. Somit kann als untere Schranke $s = 0$ gewählt werden.

Aufgabe 2

2.1 Es gilt für alle $n \in \mathbb{N}$:

$$f(n) = \frac{(n - 1)^2}{1 - 2n^2}$$

$$= \frac{n^2 - 2n + 1}{-2n^2 + 1} .$$

Aufgabe 2 (Fortsetzung)

Dividiert man Zähler und Nenner durch n^2, so folgt:

$$f(n) = \frac{1 - \frac{2}{n} + \frac{1}{n^2}}{-2 + \frac{1}{n^2}}.$$

Wegen $\lim\limits_{n \to \infty} \frac{2}{n} = 0$ und $\lim\limits_{n \to \infty} \frac{1}{n^2} = 0$ existieren sowohl der Grenzwert des Zählers als auch der des Nenners und letzterer ist von Null verschieden.
Somit:

$$\lim_{n \to \infty} f(n) = \lim_{n \to \infty} \frac{1 - \frac{2}{n} + \frac{1}{n^2}}{-2 + \frac{1}{n^2}}$$

$$= -\frac{1}{2}.$$

2.2 Die Folge mit $f(n) = \frac{1}{n} \cdot \sin(n \cdot \frac{\pi}{4})$, $n \in \mathbb{N}$, kann aufgefaßt werden als Produkt einer Nullfolge mit $g(n) = \frac{1}{n}$ und einer beschränkten Folge mit $h(n) = \sin(n \cdot \frac{\pi}{4})$, $n \in \mathbb{N}$.
Daher ist die Folge $(f(n))$ eine Nullfolge.

2.3 Die Folge mit $f(n) = -n^3$, $n \in \mathbb{N}$, ist divergent.
Jede konvergente Folge ist beschränkt. Da die gegebene Folge nach unten nicht beschränkt ist, kann sie nicht konvergent sein. Sie ist demnach divergent.

Aufgabe 3

3.1 Eine Folge soll alternierend und nicht beschränkt sein.
Beispiele:

1. $f(n) = (-1)^n \cdot n^3$, $n \in \mathbb{N}$,
2. $f(n) = (-1)^n \cdot \sqrt{n}$, $n \in \mathbb{N}$.

3.2 Eine Folge soll streng monoton steigend mit dem Grenzwert $g = -\frac{1}{2}$ sein.
Beispiele:

1. $f(n) = -\frac{1}{2} - \frac{1}{n}$, $n \in \mathbb{N}$,
2. $f(n) = -\frac{1}{2} - 2^{-n}$, $n \in \mathbb{N}$.

3.3 Eine Folge mit Grenzwert $g = \sqrt{3}$ kann erklärt werden durch eine Termdarstellung wie

$$f(n) = \sqrt{3} + \frac{1}{n^2}, \quad n \in \mathbb{N},$$

Aufgabe 3 (Fortsetzung)

oder eine rekursive Darstellung (Heron) mit

$f(1) = 2$, $f(n+1) = \frac{1}{2} \cdot (f(n) + \frac{3}{f(n)})$, $n \in \mathbb{N}$,

oder durch eine Intervallschachtelung wie z. B.

$1{,}7 < x_1 < 1{,}8$

$1{,}72 < x_2 < 1{,}78$

$1{,}732 < x_3 < 1{,}733$

$1{,}7320 < x_4 < 1{,}7321$

$\vdots$

usw.

Aufgabe 4

In der nachstehenden Abbildung wird der Streckenzug $P_0 P_1 P_2 P_3 \ldots$ betrachtet.

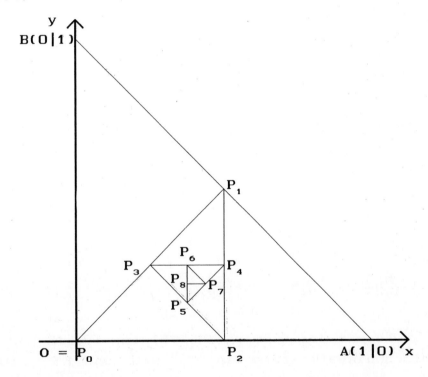

4.1 Die Dreiecke $P_i P_{i+1} P_{i+2}$, $i \in \mathbb{N}_0$, sind nach Konstruktionsvorschrift alle rechtwinklig und gleichschenklig.

Für den Flächeninhalt $A(0)$ gilt:

$$A(0) = \frac{1}{2} \cdot \overline{P_0 P_2} \cdot \overline{P_1 P_2} = \frac{1}{2} \cdot \frac{1}{2} \cdot \frac{1}{2} = \frac{1}{8}.$$

Außerdem erkennt man an der Konstruktion, daß das Dreieck mit der Nummer $i + 1$, $i \in \mathbb{N}_0$, nur noch halb so großen Inhalt hat, wie das vorhergehende Dreieck mit der Nummer i:

Aufgabe 4 (Fortsetzung)

$$A(i+1) = \frac{1}{2} \cdot A(i) \, , \, i \in \mathbb{N}_0 \, .$$

Daraus ergibt sich:

$$A(n) = (\frac{1}{2})^n \cdot A(0)$$

$$A(n) = (\frac{1}{2})^n \cdot \frac{1}{8}$$

$$A(n) = (\frac{1}{2})^n \cdot (\frac{1}{2})^3$$

$$A(n) = (\frac{1}{2})^{n+3} \, , \, n \in \mathbb{N}_0 \, .$$

Die Folge der Flächeninhalte ist eine geometrische Folge mit dem Anfangsglied $A(0) = \frac{1}{8}$ und dem Quotienten $q = \frac{1}{2}$. Damit ist nach einem bekannten Satz über geometrische Folgen die Nullfolgeneigenschaft gesichert.

Bemerkung:

Alternativ kann man zeigen, daß es zu jedem $\varepsilon > 0$ ein $n_0 \in \mathbb{N}$ gibt, so daß für alle $n \geq n_0$ gilt $|A(n)| < \varepsilon$.

Dies ist für $n_0 = \left[\frac{\lg \varepsilon}{\lg \frac{1}{2}} - 3\right] + 1$ der Fall.

4.2 Die Bedingung lautet:

$$10^{-6} \cdot A(0) < A(n) < 10^{-4} \cdot A(0) \, , \, n \in \mathbb{N} \, .$$

Daraus ergibt sich:

$$10^{-6} \cdot A(0) < (\frac{1}{2})^n \cdot A(0) < 10^{-4} \cdot A(0)$$

$$10^{-6} < (\frac{1}{2})^n < 10^{-4}$$

$$\lg(10^{-6}) < n \cdot \lg \frac{1}{2} < \lg(10^{-4})$$

$$-6 < n \cdot (-\lg 2) < -4$$

$$6 > n \cdot \lg 2 > 4$$

$$\frac{6}{\lg 2} > n > \frac{4}{\lg 2}$$

$$19,9... > n > 13,2...$$

Die Dreiecke mit den Nummern 14, 15, 16, 17, 18 und 19 haben Flächeninhalte zwischen $10^{-6} \cdot A(0)$ und $10^{-4} \cdot A(0)$.

4.3 Die Flächen aller Dreiecke mit den Nummern 0 bis n zusammengenommen ergeben den Flächeninhalt A_n. Dann gilt:

$$A_n = \sum_{i=0}^{n} A(i)$$

$$A_n = \sum_{i=0}^{n} (\frac{1}{2})^i \cdot A(0)$$

$$A_n = A(0) \cdot \sum_{i=0}^{n} (\frac{1}{2})^i \, .$$

Aufgabe 4 (Fortsetzung)

Die geometrische Reihe mit dem Anfangsglied $(\frac{1}{2})^0 = 1$ und dem Quotienten $q = \frac{1}{2}$ besteht aus $n + 1$ Summanden und hat die Summe

$$t(n) = \sum_{i=0}^{n} (\frac{1}{2})^i$$

$$t(n) = 1 \cdot \frac{1 - (\frac{1}{2})^{n+1}}{1 - \frac{1}{2}}$$

$$t(n) = 2 \cdot (1 - (\frac{1}{2})^{n+1})$$

$$t(n) = 2 - (\frac{1}{2})^n .$$

Für alle $n \in \mathbb{N}$ gilt daher $t(n) < 2$ und demzufolge $A_n < 2 \cdot A(0)$ wie behauptet.

4.4 Die Strecke $P_i P_{i+1}$, $i \in \mathbb{N}_0$, möge die Länge $S(i)$ haben. Die Strecke $P_i P_{i+1}$ ist die Hypotenuse im gleichschenklig-rechtwinkligen Dreieck $P_i P_{i+1} P_{i+2}$. Die Strecke $P_{i+1} P_{i+2}$ ist eine Kathete dieses Dreiecks und daher $\frac{1}{2}\sqrt{2}$ mal so lang wie die Strecke $P_i P_{i+1}$.
Es gilt daher:

$$S(0) = \frac{1}{2}\sqrt{2}$$

$$S(1) = \frac{1}{2}$$

$$S(2) = \frac{1}{4}\sqrt{2}$$

$$S(3) = \frac{1}{4}$$

$$\vdots$$

$$S(i+1) = S(i) \cdot \frac{1}{2}\sqrt{2} ,$$

und folglich

$$S(i) = (\frac{1}{2}\sqrt{2})^i \cdot S(0)$$

$$S(i) = (\frac{1}{2}\sqrt{2})^{i+1}, \quad i \in \mathbb{N}_0 .$$

Für die Länge S_n des Streckenzugs $P_0 P_1 P_2 P_3 \ldots P_n$ ergibt sich damit:

$$S_n = \sum_{i=0}^{n} (\frac{1}{2}\sqrt{2})^{i+1} .$$

Dies ist eine geometrische Reihe mit dem Anfangsglied $\frac{1}{2}\sqrt{2}$ und dem Quotienten $q = \frac{1}{2}\sqrt{2}$. Sie besteht aus $n + 1$ Summanden. Demnach gilt für diese Summe:

LK Mathematik   Lösungen   Klausur Nr. 2

Aufgabe 4   (Fortsetzung)

$$S_n = \frac{1}{2}\sqrt{2} \cdot \frac{1 - (\frac{1}{2}\sqrt{2})^{n+1}}{1 - \frac{1}{2}\sqrt{2}}$$

$$S_n = \frac{1}{2}\sqrt{2} \cdot \frac{(1 - (\frac{1}{2}\sqrt{2})^{n+1}) \cdot (1 + \frac{1}{2}\sqrt{2})}{(1 - \frac{1}{2}\sqrt{2}) \cdot (1 + \frac{1}{2}\sqrt{2})}$$

$$S_n = \frac{1}{2}\sqrt{2} \cdot \frac{(1 - (\frac{1}{2}\sqrt{2})^{n+1}) \cdot (1 + \frac{1}{2}\sqrt{2})}{\frac{1}{2}}$$

$$S_n = \sqrt{2}(1 + \frac{1}{2}\sqrt{2}) \cdot (1 - (\frac{1}{2}\sqrt{2})^{n+1})$$

$$S_n = (1 + \sqrt{2}) \cdot (1 - (\frac{1}{2}\sqrt{2})^{n+1}) \ .$$

Für alle $n \in \mathbb{N}_0$ gilt somit $S_n < 1 + \sqrt{2}$.

4.5   Man bemerkt in der Figur, daß das Dreieck $P_6 P_7 P_8$ aus dem Dreieck $BP_0 A$ durch zentrische Streckung hervorgeht. Entsprechendes gilt dann wieder für das Dreieck $P_{14} P_{15} P_{16}$ usw. Der Grenzpunkt P kann daher als Zentrum dieser zentrischen Streckung aufgefaßt werden.
Dieses Zentrum liegt dann einerseits auf der Geraden (BP_6), andererseits auf der Geraden $(P_0 P_8)$, ist also der Schnittpunkt dieser beiden Geraden.
Für die Koordinaten der Punkte gilt:
$P_0(0|0)$, $P_1(\frac{1}{2}|\frac{1}{2})$, $P_2(\frac{1}{2}|0)$, $P_3(\frac{1}{4}|\frac{1}{4})$, $P_4(\frac{1}{2}|\frac{1}{4})$, $P_5(\frac{3}{8}|\frac{1}{8})$, $P_6(\frac{3}{8}|\frac{1}{4})$, $P_7(\frac{7}{16}|\frac{3}{16})$, $P_8(\frac{3}{8}|\frac{3}{16})$.

Gleichung von (BP_6):

$$y = \frac{y_6 - y_B}{x_6 - x_B} \cdot (x - x_B) + y_B$$

$$y = \frac{\frac{1}{4} - 1}{\frac{3}{8} - 0} \cdot (x - 0) + 1$$

$$y = -2x + 1 \ .$$

Gleichung von $(P_0 P_8)$:

$$y = \frac{y_8 - y_0}{x_8 - x_0} \cdot (x - x_0) + y_0$$

$$y = \frac{\frac{3}{16} - 0}{\frac{3}{8} - 0} \cdot (x - 0) + 0$$

$$y = \frac{1}{2}x \ .$$

LK Mathematik — Lösungen — Klausur Nr. 2

Aufgabe 4 (Fortsetzung)

Der Schnittpunkt P der Geraden ergibt sich durch Gleichsetzen.

$$-2x_p + 1 = \tfrac{1}{2}x_p$$
$$\tfrac{5}{2}x_p = 1$$
$$x_p = \tfrac{2}{5}$$
$$y_p = \tfrac{1}{5}$$

Die Punkte P_i nähern sich dem Grenzpunkt $P(\tfrac{2}{5} | \tfrac{1}{5})$ an.

Aufgabe 5

5.1 Behauptung:

$$\sum_{k=1}^{n} k \cdot (k+1) = \tfrac{1}{3} \cdot n \cdot (n+1) \cdot (n+2) \,,\quad n \in \mathbb{N}\,.$$

Beweis:

1. Induktionsanfang

Die Behauptung ist wahr für $n = 1$, denn

$$1 \cdot (1+1) = \tfrac{1}{3} \cdot 1 \cdot (1+1) \cdot (1+2)\,.$$

2. Induktionsschritt

Induktionsannahme:

Die Behauptung sei wahr für $m \in \mathbb{N}$, also

$$\sum_{k=1}^{m} k \cdot (k+1) = \tfrac{1}{3} \cdot m \cdot (m+1) \cdot (m+2)\,.$$

Induktionsbehauptung:

Dann ist die Behauptung auch wahr für $m+1$, also

$$\sum_{k=1}^{m+1} k \cdot (k+1) = \tfrac{1}{3} \cdot (m+1) \cdot (m+2) \cdot (m+3)\,.$$

Induktionsbeweis:

$$\sum_{k=1}^{m+1} k \cdot (k+1) = \sum_{k=1}^{m} k \cdot (k+1) + (m+1) \cdot (m+2)$$
$$= \tfrac{1}{3} \cdot m \cdot (m+1) \cdot (m+2) + (m+1) \cdot (m+2)$$
$$= (m+1) \cdot (m+2) \cdot (\tfrac{1}{3}m + 1)$$
$$= (m+1) \cdot (m+2) \cdot \tfrac{1}{3} \cdot (m+3)$$
$$= \tfrac{1}{3} \cdot (m+1) \cdot (m+2) \cdot (m+3)\,.$$

LK Mathematik   Lösungen   Klausur Nr. 2

Aufgabe 5   (Fortsetzung)

     3. Induktionsschluß

     Da die Behauptung für n = 1 erfüllt ist und aus der Gültigkeit für ein beliebiges $m \in \mathbb{N}$ stets die Gültigkeit für m + 1 folgt, so ist die Behauptung für alle $n \in \mathbb{N}$ bewiesen.

5.2   Behauptung:

     Für die rekursiv definierte Fibonacci-Folge mit $f(1) = 1$, $f(2) = 1$ und $f(n+2) = f(n+1) + f(n)$, $n \in \mathbb{N}$, gilt:

$$\sum_{i=1}^{n} f^2(i) = f(n) \cdot f(n+1) \;, \; n \in \mathbb{N} \;.$$

     Beweis:

     1. Induktionsanfang

     Die Behauptung ist wahr für n = 1, denn

$$f^2(1) = 1^2 = 1$$

$$f(1) \cdot f(2) = 1 \cdot 1 = 1 \;.$$

     2. Induktionsschritt

     Induktionsannahme:

     Die Behauptung sei wahr für $m \in \mathbb{N}$, also

$$\sum_{i=1}^{m} f^2(i) = f(m) \cdot f(m+1) \;.$$

     Induktionsbehauptung:

     Dann ist die Behauptung auch wahr für m + 1, also

$$\sum_{i=1}^{m+1} f^2(i) = f(m+1) \cdot f(m+2) \;.$$

     Induktionsbeweis:

$$\sum_{i=1}^{m+1} f^2(i) = \sum_{i=1}^{m} f^2(i) + f^2(m+1)$$

$$= f(m) \cdot f(m+1) + f^2(m+1)$$

$$= f(m+1) \cdot (f(m) + f(m+1))$$

$$= f(m+1) \cdot f(m+2) \;.$$

     3. Induktionsschluß

     Da die Behauptung für n = 1 erfüllt ist und aus der Gültigkeit für ein beliebiges $m \in \mathbb{N}$ stets die Gültigkeit für m + 1 folgt, so ist die Behauptung für alle $n \in \mathbb{N}$ bewiesen.

LK Mathematik   Lösungen   Klausur Nr. 3

Aufgabe 1

1.1 $F(x) = -\frac{1}{2}x^{-4}$ mit $D_F = \mathbb{R}\setminus\{0\}$

1.2 $F(x) = 3\cdot\sin x$ mit $D_F = \mathbb{R}$

1.3 $F(x) = \frac{1}{6}x^6 + \frac{1}{5}x^5$ mit $D_F = \mathbb{R}$

1.4 $F(x) = x$ mit $D_F = \mathbb{R}$

Aufgabe 2

2.1   Für den Flächeninhalt A der gesamten Fläche zwischen Kurve K_f, x-Achse und der Geraden mit der Gleichung $x = 6$ gilt:

$$A = \int_0^6 (0{,}1x^2)\, dx$$

$$A = \left[\frac{1}{30}x^3\right]_0^6$$

$$A = \frac{216}{30}$$

$$A = \frac{36}{5}\,.$$

Entsprechend ergibt sich für den Flächeninhalt A_1 der Fläche zwischen K_f, der x-Achse und der Geraden mit der Gleichung $x = u$ mit $0 < u < 6$:

$$A_1 = \int_0^u (0{,}1x^2)\, dx$$

$$= \left[\frac{1}{30}x^3\right]_0^u$$

$$= \frac{u^3}{30}\,.$$

Die Aufgabenstellung verlangt u so zu wählen, daß $A_1 = \frac{1}{2}\cdot A$ gilt. Daraus folgt:

$$\frac{u^3}{30} = \frac{1}{2}\cdot\frac{36}{5}$$

$$u^3 = 108$$

$$u = \sqrt[3]{108}$$

$$u = 3\cdot\sqrt[3]{4}\,.$$

Man muß daher $u = 3\cdot\sqrt[3]{4} \approx 4{,}76$ wählen.

2.2   Die Randgeraden des Streifens sind Parallelen zur y-Achse. Die Gleichungen dieser Geraden sind $x = v$ und $x = v + 1$. Damit der Streifen aus der beschriebenen Fläche ein

LK Mathematik — Lösungen — Klausur Nr. 3

Aufgabe 2 (Fortsetzung)

Flächenstück ausschneidet, muß für v gelten:

(∗) $0 < v < 5$.

Die Aufgabenstellung verlangt nun:

$$\int_{v}^{v+1} f(x)\, dx = 1 .$$

Daraus folgt:

$$\int_{v}^{v+1} 0{,}1 x^2 \, dx = 1$$

$$\left[\frac{1}{30} x^3\right]_{v}^{v+1} = 1$$

$$\frac{1}{30}\left[(v+1)^3 - v^3\right] = 1$$

$$v^3 + 3v^2 + 3v + 1 - v^3 = 30$$

$$3v^2 + 3v - 29 = 0$$

$$v_{1;2} = \frac{-3 \pm \sqrt{3^2 - 4\cdot 3 \cdot (-29)}}{2\cdot 3}$$

$$v_{1;2} = \frac{-3 \pm \sqrt{357}}{6}$$

$$v_1 = \frac{-3 + \sqrt{357}}{6} , \quad v_2 = \frac{-3 - \sqrt{357}}{6} < 0$$

$$v_1 \approx 2{,}65 .$$

Nur v_1 erfüllt die Forderung (∗).
Die Randgeraden des Streifens haben die Gleichungen
$x = \dfrac{-3 + \sqrt{357}}{6}$ bzw. $x = \dfrac{3 + \sqrt{357}}{6}$.

Aufgabe 3

Da f eine ganzrationale Funktion vom Grad 3 sein soll, macht man den Ansatz $f(x) = ax^3 + bx^2 + cx + d$ mit $a, b, c, d \in \mathbb{R}$ und $a \neq 0$. Daraus ergibt sich:

$f'(x) = 3ax^2 + 2bx + c,$
$f''(x) = 6ax + 2b$
$f'''(x) = 6a .$

3.1 Folgende Bedingungen sind zu erfüllen:

1. $A(3|6) \in K_f$, d.h. $f(3) = 6$, also:

   (1) $27a + 9b + 3c + d = 6$,

2. Die Kurventangente t hat in A die Steigung 11, d.h.

Aufgabe 3 (Fortsetzung)

$f'(3) = 11$, also:

(2) $27a + 6b + c = 11$,

3. $W(1|0) \in K_f$, d.h. $f(1) = 0$, also:

(3) $a + b + c + d = 0$,

4. $W(1|0)$ ist Wendepunkt, d.h. $f''(1) = 0$, also:

(4) $6a + 2b = 0$.

Dieses Gleichungssystem ist zu lösen.
Aus (4) gewinnt man $b = -3a$, was in (1) bis (3) eingesetzt wird:

(1') $3c + d = 6$

(2') $9a + c = 11$

(3') $-2a + c + d = 0$.

Aus (1') erhält man $d = 6 - 3c$, was in (3') eingesetzt wird, (2') wird mit 2 multipliziert.

(2'') $18a + 2c = 22$

(3'') $-2a - 2c = -6$

Addition von (2'') und (3'') liefert:

$16a = 16$

$a = 1$.

Einsetzen in (2'') führt auf $c = 2$.
Aus (1') folgt dann $d = 0$, aus (4) schließlich $b = -3$.

Wenn es also eine ganzrationale Funktion 3. Grades mit den geforderten Eigenschaften gibt, dann die Funktion f mit $f(x) = x^3 - 3x^2 + 2x$, $x \in \mathbb{R}$. Man bestätigt leicht, daß sie alle Bedingungen der Aufgabe erfüllt.

3.2   Zunächst bestimmt man die Schnittstellen der beiden Kurven K_f und K_g durch Gleichsetzen der Funktionsterme.
Bedingung: $f(x) = g(x)$.

$$x^3 - 3x^2 + 2x = -x^2 + x$$
$$x^3 - 2x^2 + x = 0$$
$$x \cdot (x^2 - 2x + 1) = 0$$
$$x \cdot (x - 1)^2 = 0$$

Damit ergeben sich die Schnittstellen $x_1 = 0$, $x_2 = x_3 = 1$.

Allgemein gilt für den Inhalt A der Fläche zwischen zwei Kurven K_f und K_g, die sich an den Stellen a und b schneiden:

Aufgabe 3 (Fortsetzung)

$$A = \left| \int_a^b [f(x) - g(x)] \, dx \right| .$$

Hier gilt also speziell:

$$A = \left| \int_0^1 [x^3 - 3x^2 + 2x - (-x^2 + x)] \, dx \right|$$

$$A = \left| \int_0^1 (x^3 - 2x^2 + x) \, dx \right|$$

$$A = \left| \left[\tfrac{1}{4}x^4 - \tfrac{2}{3}x^3 + \tfrac{1}{2}x^2 \right]_0^1 \right|$$

$$A = \left| \tfrac{1}{4} - \tfrac{2}{3} + \tfrac{1}{2} \right|$$

$$A = \tfrac{1}{12} .$$

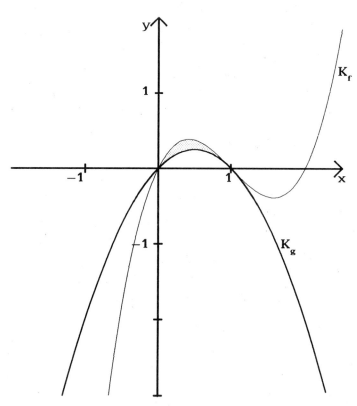

Aufgabe 4

4.1 1. Schnittpunkte von K_t mit der x-Achse

Bed.: $f_t(x) = 0$.

Daraus ergibt sich:

$$-\frac{t^2}{48} \cdot x^3 + t \cdot x = 0$$

Aufgabe 4 (Fortsetzung)

$$x \cdot (-\frac{t^2}{48} \cdot x^2 + t) = 0$$

$$x_1 = 0, \quad x_2 = 4 \cdot \sqrt{\frac{3}{t}}, \quad x_3 = -4 \cdot \sqrt{\frac{3}{t}}.$$

Somit heißen die Schnittpunkte von K_t mit der x-Achse
$X_1(0|0)$, $X_2(4 \cdot \sqrt{\frac{3}{t}}\,|0)$, $X_3(-4 \cdot \sqrt{\frac{3}{t}}\,|0)$.

2. Extrempunkte

Die ersten drei Ableitungen von f_t heißen:

$$f'_t(x) = -\frac{t^2}{16}x^2 + t,$$

$$f''_t(x) = -\frac{t^2}{8}x,$$

$$f'''_t(x) = -\frac{t^2}{8}.$$

Bed.: $f'_t(x) = 0$.

Somit folgt:

$$-\frac{t^2}{16}x^2 + t = 0$$

$$x^2 = \frac{16}{t}$$

Wegen $t \in \mathbb{R}^+$ existieren zwei Lösungen:

$$x_1 = \frac{4}{\sqrt{t}}, \quad x_2 = -\frac{4}{\sqrt{t}}$$

$$y_1 = f_t(x_1)$$
$$= -\frac{t^2}{48} \cdot (\frac{4}{\sqrt{t}})^3 + t \cdot \frac{4}{\sqrt{t}}$$
$$= \frac{8}{3}\sqrt{t}.$$

Wegen der Symmetrie von K_t zum Koordinatenursprung erhält man $y_2 = y_1$.

$f''_t(x_1) = -\frac{t^2}{8} \cdot \frac{4}{\sqrt{t}} < 0$, $f''_t(x_2) = -\frac{t^2}{8} \cdot (-\frac{4}{\sqrt{t}}) > 0$.

Demzufolge besitzt die Kurve K_t den Hochpunkt $H_t(\frac{4}{\sqrt{t}}|\frac{8}{3}\sqrt{t})$ und den Tiefpunkt $T_t(-\frac{4}{\sqrt{t}}|-\frac{8}{3}\sqrt{t})$.

4.2 Schaubild für $t = 1$

Die Kurve hat nun die Gleichung $f_1(x) = -\frac{1}{48}x^3 + x$, die Schnittpunkte mit der x-Achse sind $X_1(0|0)$, $X_2(4\sqrt{3}\,|0)$, $X_3(-4\sqrt{3}\,|0)$, der Hochpunkt ist $H(4|\frac{8}{3})$, der Tiefpunkt ist $T(-4|-\frac{8}{3})$.

LK Mathematik   Lösungen   **Klausur Nr. 3**

Aufgabe 4 (Fortsetzung)

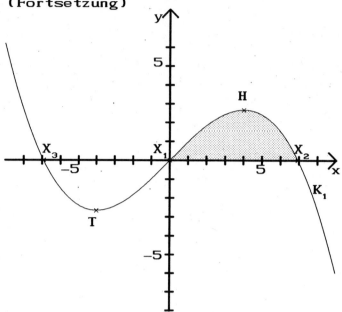

4.3   Für den Inhalt A(t) der Fläche zwischen der Kurve und der positiven x-Achse gilt:

$$A(t) = \int_0^{4\cdot\sqrt{\frac{3}{t}}} \left(-\frac{t^2}{48}x^3 + tx\right) dx$$

$$A(t) = \left[-\frac{t^2}{192}x^4 + \frac{t}{2}x^2\right]_0^{4\cdot\sqrt{\frac{3}{t}}}$$

$$A(t) = -\frac{t^2}{192}\cdot 4^4 \cdot \frac{9}{t^2} + \frac{t}{2}\cdot 4^2 \cdot \frac{3}{t} - 0$$

$$A(t) = -12 + 24$$

$$A(t) = 12 \ .$$

Wegen der Punktsymmetrie der Kurve zum Koordinatenursprung beträgt die Gesamtfläche also 24 Flächeneinheiten. Der Flächeninhalt ist somit unabhängig vom Scharparameter t.

4.4   1. Schnittstellen von gezeichneter Kurve und K_t
Bed.: $f_1(x) = f_t(x)$, $t \neq 1$.
Daraus folgt:

$$-\frac{1}{48}x^3 + x = -\frac{t^2}{48}x^3 + tx$$

$$x^3\cdot\left(-\frac{t^2}{48} + \frac{1}{48}\right) + x\cdot(t-1) = 0 \qquad |\cdot 48$$

$$x\cdot[x^2\cdot(1-t^2) + (1-t)\cdot(-48)] = 0$$

$$x\cdot(1-t)\cdot[x^2(1+t) - 48] = 0 \qquad |:(1-t), t \neq 1$$

$$x\cdot(x^2(1+t) - 48) = 0 \ .$$

$$x_1 = 0, \quad x_2 = \sqrt{\frac{48}{1+t}}, \quad x_3 = -\sqrt{\frac{48}{1+t}} \ .$$

LK Mathematik — Lösungen — Klausur Nr. 3

Aufgabe 4 (Fortsetzung)

Wegen $t \in \mathbb{R}^+$ sind die Radikanden von x_2 und x_3 positiv.

Da sich die beiden Kurven im ersten Feld schneiden sollen, kommen als Integrationsgrenzen für die Flächenberechnung nur x_1 und x_2 in Frage.

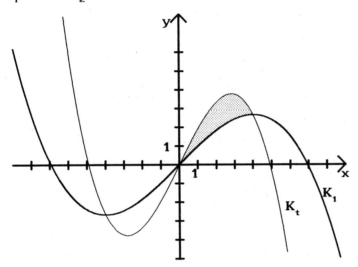

2. Inhalt $A(t)$ der eingeschlossenen Fläche

$$A(t) = \left| \int_0^{\sqrt{\frac{48}{1+t}}} \left[\frac{1-t^2}{48} \cdot x^3 + (t-1) \cdot x \right] dx \right|$$

$$A(t) = \left| \left[\frac{1-t^2}{192} x^4 + \frac{t-1}{2} \cdot x^2 \right]_0^{\sqrt{\frac{48}{1+t}}} \right|$$

$$A(t) = \left| \frac{1-t^2}{192} \cdot \frac{48^2}{(1+t)^2} + \frac{t-1}{2} \cdot \frac{48}{1+t} \right|$$

$$A(t) = \left| \frac{12 \cdot (1-t)}{(1+t)} - \frac{24 \cdot (1-t)}{1+t} \right|$$

$$A(t) = \left| -12 \cdot \frac{1-t}{1+t} \right| .$$

Für $t > 1$ ist der Betragsinhalt positiv und die Betragstriche dürfen entfallen. Die Bedingung für t lautet nun:

$$6 = -12 \cdot \frac{1-t}{1+t} .$$

Damit ergibt sich:

$$-2 \cdot (1-t) = 1+t$$

$$t = 3 .$$

Die Gleichung der gesuchten Kurve lautet demnach:

$$f_3(x) = -\frac{3}{16}x^3 + 3x, \quad x \in \mathbb{R} .$$

LK Mathematik   Lösungen   Klausur Nr. 4

Aufgabe 1

1.1 $\displaystyle\int_{-2}^{2} (\tfrac{1}{4}x^3 + 1)\, dx$

$= \left[\tfrac{1}{16}x^4 + x\right]_{-2}^{2}$

$= (\tfrac{1}{16}\cdot 2^4 + 2) - (\tfrac{1}{16}\cdot(-2)^4 - 2)$

$= 3 - (-1)$

$= 4$

1.2 $\displaystyle\int_{0}^{2} (\tfrac{x}{2} - \sqrt{2x})\, dx$

$= \left[\tfrac{1}{4}x^2 - \sqrt{2}\cdot\tfrac{2}{3}x^{\tfrac{3}{2}}\right]_{0}^{2}$

$= (\tfrac{1}{4}\cdot 2^2 - \sqrt{2}\cdot\tfrac{2}{3}\cdot 2^{\tfrac{3}{2}}) - 0$

$= 1 - \sqrt{2}\cdot\tfrac{2}{3}\cdot 2\sqrt{2}$

$= -\tfrac{5}{3}$

1.3 $\displaystyle\int_{0}^{1} (ax^2 + bx + c)\, dx$

$= \left[\tfrac{a}{3}x^3 + \tfrac{b}{2}x^2 + cx\right]_{0}^{1}$

$= \tfrac{a}{3} + \tfrac{b}{2} + c$

1.4 Hier muß man zunächst den Integranden betragsfrei schreiben.

$f(x) = |x^3 - x| = |x(x^2 - 1)| = |x(x-1)(x+1)|$

$f(x) = \begin{cases} x(x-1)(x+1) & \text{für } x \in [-1;0[\\ -x(x-1)(x+1) & \text{für } x \in [0;1[\\ x(x-1)(x+1) & \text{für } x \in [1;2] \end{cases}$

Dies macht man sich am einfachsten am Schaubild von
$g(x) = x(x-1)(x+1)$ klar!

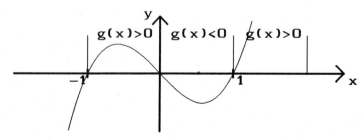

LK Mathematik   Lösungen   Klausur Nr. 4

Aufgabe 1   (Fortsetzung)

Folglich gilt:

$$\int_{-1}^{2} |x^3 - x|\,dx = \int_{-1}^{0} (x^3 - x)\,dx + \int_{0}^{1} (-x^3 + x)\,dx + \int_{1}^{2} (x^3 - x)\,dx$$

$$= \left[\tfrac{1}{4}x^4 - \tfrac{1}{2}x^2\right]_{-1}^{0} + \left[-\tfrac{1}{4}x^4 + \tfrac{1}{2}x^2\right]_{0}^{1} + \left[\tfrac{1}{4}x^3 - \tfrac{1}{2}x^2\right]_{1}^{2}$$

$$= (0 - (\tfrac{1}{4} - \tfrac{1}{2})) + ((-\tfrac{1}{4} + \tfrac{1}{2}) - 0) + ((2-2) - (\tfrac{1}{4} - \tfrac{1}{2}))$$

$$= \tfrac{1}{4} + \tfrac{1}{4} + \tfrac{1}{4}$$

$$= \tfrac{3}{4}$$

Aufgabe 2

2.1   Parabelgleichung

Die Parabel soll die Gleichung $f(x) = ax^2 + bx + c$ haben.
Nun gilt weiter:

1. $X_1(0|0) \in K_f$, d.h. $f(0) = 0$. Daraus folgt:
   (1) $c = 0$.

2. $X_2(6|0) \in K_f$, d.h. $f(6) = 0$. Somit:
   (2) $36a + 6b + c = 0$.

3. $P(4|8) \in K_f$, d.h. $f(4) = 8$. Damit erhält man:
   (3) $16a + 4b + c = 8$.

Einsetzen von (1) in (2) und (3):

   (2') $36a + 6b = 0$ $|:6$
   (3') $16a + 4b = 8$ $|:(-4)$

Weitere Vereinfachung ergibt:

   (2'') $6a + b = 0$
   (3'') $-4a - b = -2$

Addition von (2'') und (3''):

             $a = -1$.

Einsetzen in (2''): $b = 6$.

Die Gleichung der Parabel heißt also $f(x) = -x^2 + 6x$.

2.2   1. Tangenten in den Schnittpunkten mit der x-Achse

Allgemein gilt für die Gleichung einer Tangenten t im Punkt P einer Kurve K_f:

Aufgabe 2 (Fortsetzung)

$$t(x) = f'(x_p) \cdot (x - x_p) + f(x_p) .$$

Speziell gilt hier:
$$f'(x) = -2x + 6 .$$
Daher ergibt sich mit $X_1(0|0)$:
$$t_1(x) = 6 \cdot (x - 0) + 0$$
$$t_1(x) = 6x .$$

Mit $X_2(6|0)$:
$$t_2(x) = -6(x - 6) + 0$$
$$t_2(x) = -6x + 36 .$$

Die Schnittstelle beider Tangenten folgt aus der Bedingung
$$t_1(x) = t_2(x) .$$
Somit: $\quad 6x = -6x + 36$
$$x = 3 ,$$
$$t_1(3) = 18 .$$

Beide Tangenten schneiden sich daher im Punkt $S(3|18)$.
Sie bilden mit der x-Achse ein Dreieck mit der Inhaltsmaßzahl $\quad A = \frac{1}{2} \cdot 6 \cdot 18$
$$A = 54 .$$

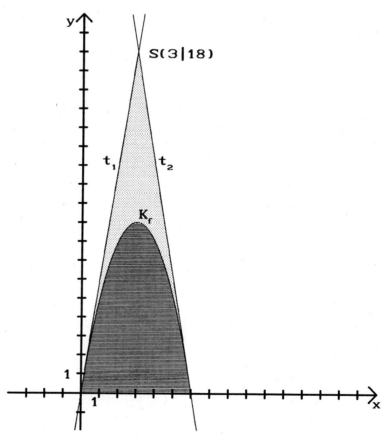

Aufgabe 2 (Fortsetzung)

2. Fläche zwischen der Kurve und der x-Achse

Da die gesuchte Fläche vollständig oberhalb der x-Achse liegt, gilt für die Inhaltsmaßzahl:

$$A_1 = \int_0^6 (-x^2 + 6x)\, dx$$

$$A_1 = \left[-\frac{1}{3}x^3 + 3x^2\right]_0^6$$

$$A_1 = \left(-\frac{1}{3}\cdot 6^3 + 3\cdot 6^2\right) - 0$$

$$A_1 = 36$$

Damit hat die Fläche zwischen den Tangenten und der Kurve die Inhaltsmaßzahl:

$$A_2 = A - A_1$$
$$A_2 = 18\ .$$

3. Flächenverhältnis

Die beiden Teilflächen, in die das Dreieck durch die Kurve zerlegt wird, besitzen Inhalte, deren Maßzahlen sich wie 2:1 verhalten.

Aufgabe 3

Gegeben ist die Funktion f_t durch $f_t(x) = -x^2 + tx$, $t \in \mathbb{R}^+$, $x \in \mathbb{R}$.

3.1 1. Schnittpunkte der Kurve K_t mit der x-Achse

Bed.: $\quad f_t(x) = 0$.

Daher: $\quad -x^2 + tx = 0$
$\quad\quad\quad x(-x + t) = 0$
$\quad\quad\quad x_1 = 0\ ,\quad x_2 = t\ .$

Die Kurve K_t schneidet die x-Achse in den Punkten $X_1(0|0)$, $X_2(t|0)$.

2. Inhalt der Fläche zwischen K_t und der x-Achse

Da die Parabel nach unten geöffnet ist und sie die x-Achse in X_1 und X_2 schneidet, liegt das zu bestimmende Flächenstück vollständig oberhalb der x-Achse. Wegen $t \in \mathbb{R}^+$ gilt somit für die Inhaltsmaßzahl:

$$A(t) = \int_0^t (-x^2 + tx)\, dx$$

Aufgabe 3 (Fortsetzung)

$$A(t) = \left[-\frac{1}{3}x^3 + \frac{t}{2}x^2\right]_0^t$$

$$A(t) = \left(-\frac{1}{3}t^3 + \frac{1}{2}t^3\right) - 0$$

$$A(t) = \frac{1}{6}t^3 \ .$$

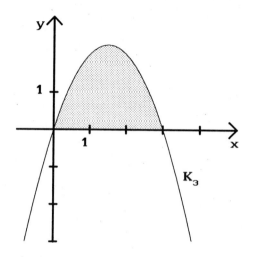

3. Bestimmung von t

Die Aufgabenstellung fordert:

$$A(t) = \frac{9}{2}$$

$$\frac{1}{6}t^3 = \frac{9}{2}$$

$$t^3 = 27$$

$$t = 3 \ .$$

Wenn man $t = 3$ wählt, so schließt die Kurve K_t mit der x-Achse eine Fläche vom Inhalt $\frac{9}{2}$ Flächeneinheiten ein.

3.2 Drehkörpervolumen

Für das Volumen des betrachteten Drehkörpers gilt:

$$V(3) = \pi \int_0^3 f_3^2(x) \, dx$$

$$V(3) = \pi \int_0^3 (-x^2 + 3x)^2 \, dx$$

$$V(3) = \pi \int_0^3 (x^4 - 6x^3 + 9x^2) \, dx$$

LK Mathematik — Lösungen — Klausur Nr. 4

Aufgabe 3 (Fortsetzung)

$$V(3) = \pi \left[\frac{1}{5}x^5 - \frac{3}{2}x^4 + 3x^3\right]_0^3$$

$$V(3) = \pi \left(\frac{1}{5}\cdot 3^5 - \frac{3}{2}\cdot 3^4 + 3\cdot 3^3\right)$$

$$V(3) = \pi \cdot 3^4 \cdot \left(\frac{3}{5} - \frac{3}{2} + 1\right)$$

$$V(3) = \pi \cdot 3^4 \cdot \frac{1}{10}$$

$$V(3) = \frac{81}{10}\pi$$

Der Drehkörper hat das Volumen $\frac{81}{10}\pi \approx 25{,}45$ Volumeneinheiten.

Aufgabe 4

4.1 Beweis

Wenn f symmetrisch ist zu $P(0|y_P)$, dann ist das Schaubild der neuen Funktion g mit $g(x) = f(x) - y_P$ punktsymmetrisch zum Ursprung, denn das Schaubild von g entsteht ja aus dem Schaubild von f durch Verschieben des Symmetriezentrums nach O. Verschieben ändert die Kurvenform nicht. g ist ebenfalls auf $[-a;a]$ integrierbar. Deshalb weiß man

$$\int_{-a}^{a} g(x)\, dx = 0\;.$$

Andererseits gilt:

$$\int_{-a}^{a} g(x)\, dx = \int_{-a}^{a} (f(x) - y_P)\, dx$$

$$= \int_{-a}^{a} f(x)\, dx - \int_{-a}^{a} y_P\, dx$$

$$= \int_{-a}^{a} f(x)\, dx - \left[y_P \cdot x\right]_{-a}^{a}$$

$$= \int_{-a}^{a} f(x)\, dx - (y_P \cdot a - y_P \cdot (-a))$$

$$= \int_{-a}^{a} f(x)\, dx - 2a \cdot y_P\;.$$

Vergleich ergibt:

$$\int_{-a}^{a} f(x)\, dx = 2a y_P\;.$$

Dies war zu zeigen.

LK Mathematik Lösungen Klausur Nr. 4

Aufgabe 4 (Fortsetzung)

4.2 **Integralberechnung**

f mit $f(x) = 1 + \sin^3 x$ ist nach Aufgabenstellung auf R, insbesondere also auch auf $[-\frac{\pi}{2}; \frac{\pi}{2}]$ integrierbar. Das Schaubild der Funktion f ist zum Punkt P(0|1) symmetrisch.

Dazu ist zu zeigen:

$\frac{1}{2}(f(0+x) + f(0-x)) = 1$ für alle $x \in R$.

Es gilt:

$$\begin{aligned}\frac{1}{2}(f(0+x) + f(0-x)) &= \frac{1}{2}(f(x) + f(-x)) \\ &= \frac{1}{2}(1 + \sin^3 x + 1 + \sin^3(-x)) \\ &= \frac{1}{2}(2 + \sin^3 x + (-\sin x)^3),\end{aligned}$$

da $\sin(-x) = -\sin x$

$$\begin{aligned} &= \frac{1}{2}(2 + \sin^3 x - \sin^3 x) \\ &= 1.\end{aligned}$$

Damit sind alle Voraussetzungen des Satzes in der vorherigen Teilaufgabe erfüllt.

Folglich gilt:

$$\int_{-\frac{\pi}{2}}^{\frac{\pi}{2}} (1 + \sin^3 x)\, dx = 2 \cdot \frac{\pi}{2} \cdot 1 = \pi.$$

Aufgabe 5

Da nach Voraussetzung $g(x) = \frac{f(x)}{f'(x)}$ und f mindestens zweimal differenzierbar ist, kann man die 1. Ableitung von g bilden:

$$g'(x) = \frac{f'(x) \cdot f'(x) - f(x) \cdot f''(x)}{[f'(x)]^2}$$

Damit:

(*) $\quad g'(x_0) = \dfrac{[f'(x_0)]^2 - f(x_0) \cdot f''(x_0)}{[f'(x_0)]^2}.$

Nach Voraussetzung gilt: $g(x_0) = 0$.

Daraus folgt $\frac{f(x_0)}{f'(x_0)} = 0$, und somit $f(x_0) = 0$.

Damit vereinfacht sich (*) zu $g'(x_0) = 1$.

Die Kurve K_g hat also bei x_0 die Steigung 1, d.h. der Schnittwinkel mit der x-Achse beträgt 45°.

Dies war zu zeigen.

LK Mathematik Lösungen Klausur Nr. 5

Aufgabe 1

Gegeben ist f durch $f(x) = \begin{cases} x^2 + s & \text{für } x < 1 \\ 1 + \dfrac{t}{x^2} & \text{für } x \geq 1 \end{cases}$

1.1 1. Stetigkeit von f

Für alle $s, t \in \mathbb{R}$ ist f als Verkettung stetiger Funktionen stetig auf $\mathbb{R}\setminus\{1\}$.

Gefordert werden muß nur noch die Stetigkeit an der Stelle $x_0 = 1$.

f ist stetig bei $x_0 = 1$, wenn $\lim\limits_{\substack{x \to 1 \\ x < 1}} f(x) = \lim\limits_{\substack{x \to 1 \\ x > 1}} f(x) = f(1)$.

Es gilt:

(1) $\lim\limits_{\substack{x \to 1 \\ x < 1}} f(x) = \lim\limits_{\substack{x \to 1 \\ x < 1}} (x^2 + s) = 1 + s$

(2) $\lim\limits_{\substack{x \to 1 \\ x > 1}} f(x) = \lim\limits_{\substack{x \to 1 \\ x > 1}} (1 + \dfrac{t}{x^2}) = 1 + t$

(3) $f(1) = 1 + t$.

Aus $1 + s = 1 + t$ folgt $s = t$.

2. Differenzierbarkeit von f

Als Verkettung von differenzierbaren Funktionen ist f auf $\mathbb{R}\setminus\{1\}$ für alle s, t differenzierbar. Erzwingen muß man jetzt noch die Differenzierbarkeit an der Stelle $x_0 = 1$.

Es gilt:

$f'(x) = \begin{cases} 2x & \text{für } x < 1 \\ -\dfrac{2t}{x^3} & \text{für } x > 1 \end{cases}$

Daher:

(1) $\lim\limits_{\substack{x \to 1 \\ x < 1}} f'(x) = \lim\limits_{\substack{x \to 1 \\ x < 1}} 2x = 2$

(2) $\lim\limits_{\substack{x \to 1 \\ x > 1}} f'(x) = \lim\limits_{\substack{x \to 1 \\ x > 1}} (-\dfrac{2t}{x^3}) = -2t$.

f ist differenzierbar bei $x_0 = 1$, wenn f stetig ist und $\lim\limits_{\substack{x \to 1 \\ x < 1}} f'(x) = \lim\limits_{\substack{x \to 1 \\ x > 1}} f'(x)$.

Damit ergibt sich sofort $t = -1$.

Man muß also $s = t = -1$ wählen, damit f auf $\mathbb{R}$ stetig und differenzierbar ist.

1.2 Schaubild K_f

Es gilt: $f(x) = \begin{cases} x^2 - 1 & \text{für } x < 1 \\ 1 - \dfrac{1}{x^2} & \text{für } x \geq 1 \end{cases}$

LK Mathematik — Lösungen — Klausur Nr. 5

Aufgabe 1 (Fortsetzung)

Die Funktion f ist auf Grund der Ergebnisse der vorherigen Teilaufgabe stetig und differenzierbar auf R.

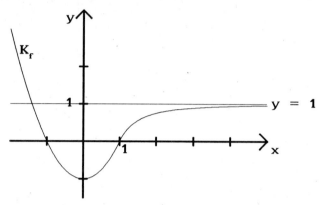

1.3 1. Waagrechte Asymptote

Für die Funktion f gilt:
$$\lim_{x \to \infty} f(x) = \lim_{x \to \infty} \left(1 - \frac{1}{x^2}\right) = 1 \ .$$

Die waagrechte Asymptote hat daher die Gleichung $y = 1$.

2. Schnittstelle von Asymptote und Kurve K_f

Bed.: $f(x) = 1$

Da für $x \geq 1$ die Funktionswerte alle echt kleiner als 1 sind, genügt es $x^2 - 1 = 1$ zu verlangen mit $x < 1$. Daher heißt die einzige Schnittstelle $x_1 = -\sqrt{2}$.

3. Berechnung des Flächeninhalts

Zunächst wird die nach rechts ins Unendliche reichende Fläche durch die Gerade mit der Gleichung $x = u$, $u > 1$ geschlossen. Dann gilt wegen der Stetigkeit von f an der Stelle $x_0 = 1$:

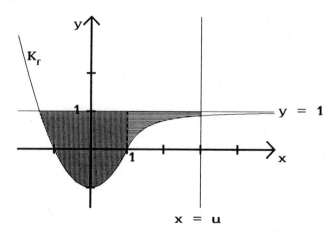

Aufgabe 1 (Fortsetzung)

$$A(u) = \int_{-\sqrt{2}}^{1} (1 - (x^2 - 1)) \, dx + \int_{1}^{u} \left(1 - \left(1 - \frac{1}{x^2}\right)\right) dx$$

$$A(u) = \int_{-\sqrt{2}}^{1} (2 - x^2) \, dx + \int_{1}^{u} \frac{1}{x^2} \, dx$$

$$A(u) = \left[2x - \frac{1}{3}x^3\right]_{-\sqrt{2}}^{1} + \left[-\frac{1}{x}\right]_{1}^{u}$$

$$A(u) = \left(2 - \frac{1}{3}\right) - \left(-2\sqrt{2} + \frac{2}{3}\sqrt{2}\right) + \left(-\frac{1}{u} + 1\right)$$

$$A(u) = \frac{8}{3} + \frac{4}{3}\sqrt{2} - \frac{1}{u}.$$

Nun läßt man $u \to \infty$ zu und erhält:

$$A = \lim_{x \to \infty} A(u)$$

$$A = \lim_{x \to \infty} \left(\frac{8}{3} + \frac{4}{3}\sqrt{2} - \frac{1}{u}\right)$$

$$A = \frac{4}{3}(2 + \sqrt{2}).$$

Die gesuchte Fläche hat einen Inhalt von etwa 4,55 Flächeneinheiten.

1.4 Drehkörpervolumen

Auch hier schließt man die Fläche zunächst wieder mit einer Geraden mit der Gleichung $x = u$, $u > 1$ ab. Dann entsteht der gesuchte Körper dadurch, daß man die Asymptote mit der Gleichung $y = 1$ rotieren läßt und aus diesem Zylinder denjenigen Rotationskörper entfernt, der durch die Drehung von K_f entsteht.
Folglich:

$$V(u) = \pi \cdot 1^2 \cdot (u - 1) - \pi \cdot \int_{1}^{u} \left(1 - \frac{1}{x^2}\right)^2 dx$$

$$V(u) = \pi \cdot (u - 1) - \pi \cdot \int_{1}^{u} \left(1 - \frac{2}{x^2} + \frac{4}{x^4}\right) dx$$

$$V(u) = \pi \cdot (u - 1) - \pi \cdot \left[x + 2x^{-1} - \frac{4}{3} \cdot x^{-3}\right]_{1}^{u}$$

$$V(u) = \pi \cdot (u - 1) - \pi \cdot \left[\left(u + \frac{2}{u} - \frac{4}{3} \cdot \frac{1}{u^3}\right) - \left(1 + 2 - \frac{4}{3}\right)\right]$$

Aufgabe 1 (Fortsetzung)

$$V(u) = \pi \cdot (u - 1) - \pi \cdot \left[u + \frac{2}{u} - \frac{4}{3} \cdot \frac{1}{u^3} - \frac{5}{3}\right]$$

$$V(u) = \pi \cdot \left[-\frac{2}{u} + \frac{4}{3} \cdot \frac{1}{u^3} + \frac{2}{3}\right].$$

Daher:

$$V = \lim_{u \to \infty} V(u)$$

$$V = \lim_{u \to \infty} \pi \cdot \left[-\frac{2}{u} + \frac{4}{3} \cdot \frac{1}{u^3} + \frac{2}{3}\right]$$

$$V = \frac{2}{3}\pi.$$

Das Drehkörpervolumen beträgt etwa 2,09 Volumeneinheiten.

Aufgabe 2

2.1 $$f'(x) = \frac{2x \cdot (x + 3)^2 - (x^2 - 4) \cdot 2 \cdot (x + 3)}{(x + 3)^4}$$

$$f'(x) = \frac{2x^2 + 6x - 2x^2 + 8}{(x + 3)^3}$$

$$f'(x) = \frac{6x + 8}{(x + 3)^3}$$

$$f''(x) = \frac{6 \cdot (x + 3)^3 - (6x + 8) \cdot 3 \cdot (x + 3)^2}{(x + 3)^6}$$

$$f''(x) = \frac{6x + 18 - 18x - 24}{(x + 3)^4}$$

$$f''(x) = \frac{-12x - 6}{(x + 3)^4}$$

$$f'''(x) = \frac{-12 \cdot (x + 3)^4 - (-12x - 6) \cdot 4 \cdot (x + 3)^3}{(x + 3)^8}$$

$$f'''(x) = \frac{-12x - 36 + 48x + 24}{(x + 3)^5}$$

$$f'''(x) = \frac{36x - 12}{(x + 3)^5}$$

2.2 $$f'_t(x) = \frac{2t \cdot (x^2 + t) - 2tx \cdot 2x}{(x^2 + t)^2}$$

$$f'_t(x) = \frac{2tx^2 + 2t^2 - 4tx^2}{(x^2 + t)^2}$$

$$f'_t(x) = \frac{2t^2 - 2tx^2}{(x^2 + t)^2}$$

$$f'_t(x) = 2t \cdot \frac{-x^2 + t}{(x^2 + t)^2}$$

LK Mathematik Lösungen Klausur Nr. 5

Aufgabe 2 (Fortsetzung)

$$f_t''(x) = 2t \cdot \frac{-2x \cdot (x^2 + t)^2 - (t - x^2) \cdot 2(x^2 + t) \cdot 2x}{(x^2 + t)^4}$$

$$f_t''(x) = 2t \cdot \frac{-2x^3 - 2tx - 4tx + 4x^3}{(x^2 + t)^3}$$

$$f_t''(x) = 2t \cdot \frac{-6tx + 2x^3}{(x^2 + t)^3}$$

$$f_t''(x) = 4t \cdot \frac{x^3 - 3tx}{(x^2 + t)^3}$$

$$f_t'''(x) = 4t \cdot \frac{(-3t + 3x^2) \cdot (x^2 + t)^3 - (-3tx + x^3) \cdot 3 \cdot (x^2 + t)^2 \cdot 2x}{(x^2 + t)^6}$$

$$f_t'''(x) = 4t \cdot \frac{-3tx^2 - 3t^2 + 3x^4 + 3tx^2 + 18tx^2 - 6x^4}{(x^2 + t)^4}$$

$$f_t'''(x) = 4t \cdot \frac{-3t^2 + 18tx^2 - 3x^4}{(x^2 + t)^4}$$

$$f_t'''(x) = 12t \cdot \frac{-x^4 + 6tx^2 - t^2}{(x^2 + t)^4}$$

Aufgabe 3

Die gegebene Parabelschar hat die Gleichung $f_t(x) = x^2 - 2x + t$, $t \in \mathbb{R}$, $x \in \mathbb{R}$.

3.1 Schnittpunkte mit der x-Achse

Bed.: $f_t(x) = 0$

$$x^2 - 2x + t = 0$$

$$D = (-2)^2 - 4 \cdot 1 \cdot t = 4 - 4t = 4 \cdot (1 - t)$$

Falls $D \geq 0$, d.h. $t \leq 1$, so existiert wenigstens eine Schnittstelle mit der x-Achse und es gilt:

$$x_{1;2} = \frac{-(-2) \pm \sqrt{4 \cdot (1 - t)}}{2 \cdot 1}$$

$$x_1 = 1 + \sqrt{1 - t}, \quad x_2 = 1 - \sqrt{1 - t}.$$

Für alle $t \in \mathbb{R}$ mit $t \leq 1$ gilt $x_1 \geq x_2$.

Nun soll genau eine Schnittstelle im Intervall $]0;6[$ liegen. Wenn die Schnittstellen zusammenfallen, was für $t = 1$ der Fall ist, dann existiert nur ein gemeinsamer Punkt von der Parabel und der x-Achse. Dies ist der Parabelscheitel. Wenn die Schnittstellen verschieden sind, dann liegen sie symmetrisch um $x_s = 1$.

LK Mathematik   Lösungen   Klausur Nr. 5

Aufgabe 3   (Fortsetzung)

Wählt man nun t so, daß $-5 < x_2 \leq 0$ gilt, dann ergibt sich zwangsläufig die Forderung: $2 \leq x_1 < 6$.

$$2 \leq 1 + \sqrt{1-t} < 6 \quad |-1$$
$$1 \leq \sqrt{1-t} < 5 \quad |^2$$
$$1 \leq 1 - t < 25 \quad |-1$$
$$0 \leq -t < 24 \quad |\cdot(-1)$$
$$0 \geq t > -24$$

Zusammengefaßt hat jede Parabel mit der Gleichung
$f_t(x) = x^2 - 2x + t$, $x \in \mathbb{R}$, für $t = 1$ bzw. $-24 < t \leq 0$
genau einen Punkt mit der x-Achse gemeinsam.

3.2   Flächeninhalte

Jetzt gelte $-24 < t \leq 0$. Die Schnittstelle mit der x-Achse sei x_1.

Dann liegt das Flächenstück zwischen den Grenzen $a = 0$ und $b = x_1$ unterhalb, das Flächenstück mit den Grenzen $b = x_1$ und $c = 6$ oberhalb der x-Achse.

Der orientierte Inhalt in den Grenzen $a = 0$ und $c = 6$ ist folglich Null.

Bed.:
$$\int_0^6 f_t(x)\, dx = 0$$

$$\int_0^6 (x^2 - 2x + t)\, dx = 0$$

$$\left[\frac{1}{3}x^3 - x^2 + tx\right]_0^6 = 0$$

$$72 - 36 + 6t = 0$$

$$t = -6$$

Für $t = -6$ sind die beiden Flächenstücke gleich groß.

Aufgabe 4

Gegeben ist in der xy-Ebene K_1 durch $y = \sqrt{x}$, $x \in \mathbb{R}_0^+$, in der xz-Ebene K_2 durch $z = x + 3$, $x \in \mathbb{R}_0^+$.

4.1 Schaubilder

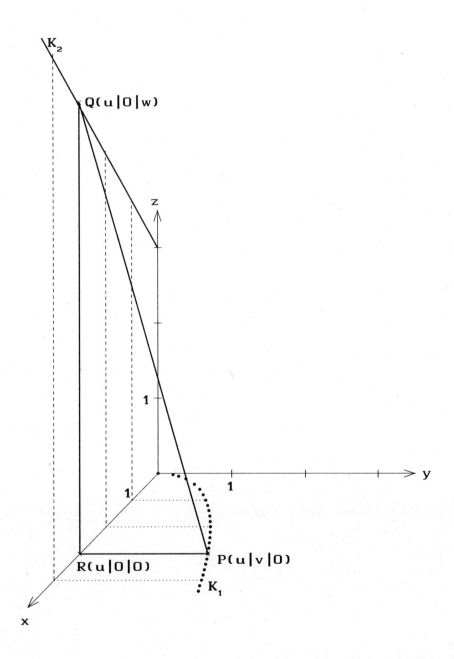

LK Mathematik Lösungen Klausur Nr. 5

Aufgabe 4 (Fortsetzung)

4.2 Volumenberechnung

Es gilt

$$V = \int_0^4 q(x)\, dx\,,$$

wobei q die Querschnittsfunktion des auf die angegebene Weise erzeugten Körpers ist. Die Querschnitte senkrecht zur x-Achse sind Dreiecke, für deren Flächeninhalt gilt:

$$q(u,v,w) = \frac{1}{2} \cdot v \cdot w$$
$$q(x) = \frac{1}{2} \cdot \sqrt{x} \cdot (x+3)\,, \qquad x \in [0;4].$$

Daher:

$$V = \frac{1}{2} \cdot \int_0^4 \sqrt{x} \cdot (x+3)\, dx$$

$$V = \frac{1}{2} \cdot \int_0^4 (x^{\frac{3}{2}} + 3x^{\frac{1}{2}})\, dx$$

$$V = \frac{1}{2} \cdot \left[\frac{2}{5} \cdot x^{\frac{5}{2}} + 2x^{\frac{3}{2}}\right]_0^4$$

$$V = \frac{1}{2} \cdot \left[\frac{2}{5} \cdot 4^{\frac{5}{2}} + 2 \cdot 4^{\frac{3}{2}}\right]$$

$$V = \frac{1}{2} \cdot \left[\frac{64}{5} + 16\right]$$

$$V = \frac{72}{5}\,.$$

Der Rauminhalt beträgt $\frac{72}{5} = 14{,}4$ Volumeneinheiten.

LK Mathematik — Lösungen — Klausur Nr. 6

Aufgabe 1

1.1 Gegeben ist die Funktion f mit $f(x) = \frac{1}{4}x^2 - 2x + 4$, $x \in \mathbb{R}$.

1. Gemeinsame Punkte von K_f mit der x-Achse

Bed.: $f(x) = 0$

$$\frac{1}{4}x^2 - 2x + 4 = 0$$
$$x^2 - 8x + 16 = 0$$
$$(x - 4)^2 = 0$$
$$x_1 = x_2 = 4 \; .$$

Es gibt einen gemeinsamen Punkt der Parabel mit der x-Achse. Er heißt X(4|0).

2. Schnittpunkt mit der y-Achse

Bed.: $x = 0$

$f(0) = 4$.

Der Schnittpunkt mit der y-Achse heißt Y(0|4).

3. Tangente an die Parabel im Punkt Y

Allgemein gilt für die Gleichung der Tangente t an K_f im Punkt $P(x_0 | y_0)$:

$$t(x) = f'(x_0) \cdot (x - x_0) + y_0 \; .$$

Mit $x_0 = 0$, $y_0 = 4$, $f'(x) = \frac{1}{2}x - 2$, $f'(0) = -2$ ergibt sich

t: $t(x) = -2x + 4$, $x \in \mathbb{R}$.

1.2 Schaubilder

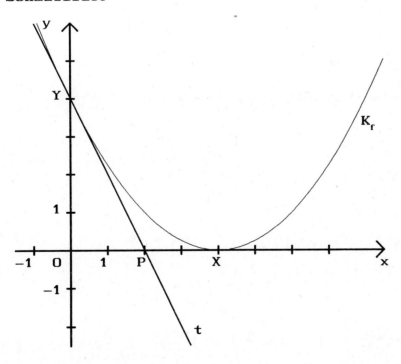

LK Mathematik Lösungen Klausur Nr. 6

Aufgabe 1 (Fortsetzung)

1.3 Flächeninhaltsberechnung

Die Tangente schneidet von der Fläche zwischen der Kurve K_f und den Koordinatenachsen ein rechtwinkliges Dreieck OPY ab.
Aus $t(x) = 0$ folgt:

$-2x_p + 4 = 0$

$x_p = 2$.

Für die gesuchte Fläche gilt daher:

$A = \int_0^4 f(x)\, dx - \frac{1}{2} \cdot \overline{OP} \cdot \overline{OY}$.

$A = \int_0^4 (\frac{1}{4}x^2 - 2x + 4)\, dx - \frac{1}{2} \cdot 2 \cdot 4$

$A = \left[\frac{1}{12}x^3 - x^2 + 4x\right]_0^4 - 4$

$A = (\frac{16}{3} - 16 + 16) - 0 - 4$

$A = \frac{4}{3}$.

Die Fläche besitzt etwa den Inhalt 1,33 Flächeneinheiten.

1.4 Drehkörpervolumen

Zunächst läßt man K_f im Intervall [0;4] um die x-Achse rotieren und bestimmt das Volumen dieses Drehkörpers.
Wenn die Tangente an K_f in Y rotiert, so entsteht ein Kegel mit dem Radius $\overline{OY}$ und der Höhe $\overline{OP}$, dessen Volumen elementargeometrisch angegeben werden kann.
Die Differenz der beiden Volumina ergibt das gesuchte Drehkörpervolumen.

Somit:

$V = \pi \cdot \int_0^4 [f(x)]^2\, dx - \frac{1}{3} \cdot \pi \cdot \overline{OY}^2 \cdot \overline{OP}$

$V = \pi \cdot \int_0^4 (\frac{1}{4}x^2 - 2x + 4)^2\, dx - \frac{1}{3} \cdot \pi \cdot 4^2 \cdot 2$

$V = \pi \cdot \int_0^4 (\frac{1}{16}x^4 + 4x^2 + 16 - x^3 - 16x + 2x^2)\, dx - \frac{32}{3} \cdot \pi$

$V = \pi \cdot \left[\frac{1}{80}x^5 + \frac{4}{3}x^3 + 16x - \frac{1}{4}x^4 - 8x^2 + \frac{2}{3}x^3\right]_0^4 - \frac{32}{3} \cdot \pi$

$V = \pi \cdot (\frac{64}{5} + \frac{256}{3} + 64 - 64 - 128 + \frac{128}{3}) - \frac{32}{3} \cdot \pi$

Aufgabe 1 (Fortsetzung)

$$V = \pi \cdot \frac{64}{5} - \frac{32}{3} \cdot \pi$$

$$V = \frac{32}{15} \cdot \pi \ .$$

Das Volumen des Drehkörpers beträgt etwa 6,70 Volumeneinheiten.

1.5 Schnittfiguren größten Flächeninhalts

Für $2 \leq x \leq 4$ sind die Schnittfiguren Kreisflächen. Da K_f auf dem angegebenen Intervall streng monoton fällt ($X(4|0)$ ist ja Scheitel der Parabel), erhält man die größtmögliche Kreisfläche für $x = 2$ mit dem Inhalt $A_1 = \pi$ Flächeneinheiten.

Wenn $0 < x < 2$, so sind die Schnittfiguren Kreisringe. An der Stelle u ($0 < u < 2$) ist der Radius des äußeren Kreises durch $f(u)$, der Radius des inneren Kreises durch $t(u)$ zu beschreiben. (Für $u = 0$ entsteht keine Schnittfläche.)
Für den Inhalt $A(u)$ der Ringfläche gilt demnach:

$$A(u) = \pi \cdot [f(u)]^2 - \pi \cdot [t(u)]^2, \quad 0 < u < 2$$

$$A(u) = \pi \cdot (\frac{1}{16}u^4 - u^3 + 6u^2 - 16u + 16) - \pi \cdot (4u^2 - 16u + 16)$$

$$A(u) = \pi(\frac{1}{16}u^4 - u^3 + 2u^2) \ .$$

Deshalb ergibt sich:

$$A'(u) = \pi \cdot (\frac{1}{4}u^3 - 3u^2 + 4u), \quad 0 < u < 2$$

$$A''(u) = \pi \cdot (\frac{3}{4}u^2 - 6u + 4) \ .$$

Aus der Bedingung $A'(u) = 0$ folgt:

$$u \cdot (\frac{1}{4}u^2 - 3u + 4) = 0$$

$$\frac{1}{4}u^2 - 3u + 4 = 0, \qquad u_3 = 0$$

$$u_{1;2} = \frac{3 \pm \sqrt{9 - 4 \cdot \frac{1}{4} \cdot 4}}{2 \cdot \frac{1}{4}}$$

$$u_{1;2} = (3 \pm \sqrt{5}) \cdot 2$$

$$u_1 = 6 - 2\sqrt{5}, \quad u_2 = 6 + 2\sqrt{5} \ .$$

u_2 und u_3 entfallen, da die Bedingung $0 < u < 2$ nicht erfüllt ist. Mit $u_1 = 6 - 2\sqrt{5}$ ergibt sich:

$$A''(6 - 2\sqrt{5}) = \pi \cdot (\frac{3}{4}(6 - 2\sqrt{5})^2 - 6(6 - 2\sqrt{5}) + 4) < 0 \ .$$

Deshalb führt $u_1 = 6 - 2\sqrt{5} \approx 1,53$ zu einem lokalen Maximum für den Flächeninhalt des Kreisrings.

$$A_2 = A(6 - 2\sqrt{5})$$
$$= \pi \cdot (\frac{1}{16}(6 - 2\sqrt{5})^4 - (6 - 2\sqrt{5})^3 + 2(6 - 2\sqrt{5})^2)$$

LK Mathematik — Lösungen — Klausur Nr. 6

Aufgabe 1 (Fortsetzung)

$$A_2 = \pi \cdot (\tfrac{1}{16} \cdot 2^4 \cdot (3 - \sqrt{5})^4 - 2^3 (3 - \sqrt{5})^3 + 8 \cdot (3 - \sqrt{5})^2)$$

$$A_2 = \pi \cdot (3 - \sqrt{5})^2 \cdot ((3 - \sqrt{5})^2 - 8 \cdot (3 - \sqrt{5}) + 8)$$

$$A_2 = \pi \cdot (9 - 6\sqrt{5} + 5) \cdot (9 - 6\sqrt{5} + 5 - 24 + 8\sqrt{5} + 8)$$

$$A_2 = \pi \cdot (14 - 6\sqrt{5}) \cdot (-2 + 2\sqrt{5})$$

$$A_2 = \pi \cdot 4 \cdot (7 - 3\sqrt{5}) \cdot (-1 + \sqrt{5})$$

$$A_2 = \pi \cdot 4 \cdot (-7 + 7\sqrt{5} + 3\sqrt{5} - 15)$$

$$A_2 = \pi \cdot 4 \cdot (-22 + 10\sqrt{5})$$

$$A_2 = 8 \cdot \pi \cdot (-11 + 5\sqrt{5})$$

Da $A_1 < A_2$, handelt es sich bei A_2 um das auf dem Intervall [0;4] absolute Maximum.

Die größtmögliche Schnittfigur ist also der Kreisring an der Stelle $x = 6 - 2\sqrt{5}$ mit dem Flächeninhalt von etwa 4,53 Flächeneinheiten.

Aufgabe 2

2.1
$$\int_{t}^{2t} \frac{4}{x^2}\, dx = \left[-\frac{4}{x}\right]_t^{2t}$$

$$= -\frac{4}{2t} - \left(-\frac{4}{t}\right)$$

$$= \frac{2}{t}$$

Bed.:
$$\frac{2}{t} = \frac{28}{3}$$

$$t = \frac{3}{14}$$

2.2
$$\int_{-2}^{1} (x^2 + t)\, dx = \left[\tfrac{1}{3}x^3 + tx\right]_{-2}^{1}$$

$$= (\tfrac{1}{3} + t) - (-\tfrac{8}{3} - 2t)$$

$$= 3 + 3t$$

Bed.:
$$3 + 3t = 10$$
$$3t = 7$$
$$t = \tfrac{7}{3}$$

LK Mathematik　　　　　Lösungen　　　　　Klausur Nr. 6

Aufgabe 2　(Fortsetzung)

2.3　$\displaystyle\int_t^1 \frac{x + \sqrt{x}}{\sqrt{x}}\,dx = \int_t^1 (\sqrt{x} + 1)\,dx$

$\displaystyle\qquad\qquad\qquad\quad = \left[\tfrac{2}{3}x^{\frac{3}{2}} + x\right]_t^1$

$\displaystyle\qquad\qquad\qquad\quad = (\tfrac{2}{3} + 1) - (\tfrac{2}{3}t\sqrt{t} + t)$

Bed.:

$$\tfrac{5}{3} - \tfrac{2}{3}t\sqrt{t} - t = \tfrac{5}{3}$$
$$t\cdot(\tfrac{2}{3}\sqrt{t} + 1) = 0$$
$$t = 0 \text{ oder } \tfrac{2}{3}\sqrt{t} = -1$$

Die letzte Forderung ist für kein $t \in \mathbb{R}$ erfüllbar.
Einzige Lösung ist daher $t = 0$, da die stetige Fortsetzung des Integranden an der Stelle $x = 0$ existiert.

Aufgabe 3

Die Gleichung der Parabel heißt $f(x) = ax^3 + cx$, denn wegen der geforderten Punktsymmetrie zu O entfallen die Terme mit geraden Potenzen von x.
Es muß gelten:

1. Die Tangentensteigung in O ist $m = -2$, d.h.:
$$f'(0) = -2 .$$
Wegen $f'(x) = 3ax^2 + c$ folgt sofort $c = -2$.

2. Die Fläche zwischen der Kurve und der x-Achse im 4. Feld hat den Inhalt 8 Flächeneinheiten, d.h.:

$$-\int_0^{x_s} f(x)\,dx = 8 ,$$

wobei x_s die positive Schnittstelle der Kurve mit der x-Achse ist.
Wegen　$ax^3 - 2x = 0$
$\qquad\qquad x(ax^2 - 2) = 0$
folgt　$\qquad x_1 = 0$ oder $ax^2 - 2 = 0$
$\qquad\qquad\qquad\qquad\qquad ax^2 = 2$
$\qquad\qquad\qquad\qquad\qquad x^2 = \tfrac{2}{a}$
$\qquad\qquad\qquad\qquad\qquad x_2 = \sqrt{\tfrac{2}{a}} ,\ x_3 = -\sqrt{\tfrac{2}{a}}$

für $a > 0$.

Aufgabe 3 (Fortsetzung)

Damit erhält man mit $x_s = x_2$:

$$-\int_0^{\sqrt{\frac{2}{a}}} (ax^3 - 2x)\, dx = 8, \quad a > 0$$

$$-\left[\frac{a}{4}x^4 - x^2\right]_0^{\sqrt{\frac{2}{a}}} = 8$$

$$-\left[\frac{a}{4} \cdot \frac{4}{a^2} - \frac{2}{a}\right] = 8$$

$$-\left[\frac{1}{a} - \frac{2}{a}\right] = 8$$

$$\frac{1}{a} = 8$$

$$a = \frac{1}{8}.$$

Die gesuchte Parabel hat also die Gleichung $f(x) = \frac{1}{8}x^3 - 2x$, $x \in \mathbb{R}$.

Aufgabe 4

Das Schaubild von f mit $f(x) = \dfrac{x}{1 + x^2}$, $x \in \mathbb{R}$, ist punktsymmetrisch zu O, denn $f(-x_0) = f(x_0)$ für alle $x_0 \in \mathbb{R}$.

Deshalb weiß man bereits:

$$\int_{-1}^{1} f(x)\, dx = 0.$$

Folglich bleibt lediglich abzuschätzen:

$$I = \int_1^2 \frac{x}{1 + x^2}\, dx.$$

Auf dem Intervall $]1;2]$ ist f streng monoton fallend, denn

$$f'(x) = \frac{1 \cdot (1 + x^2) - x \cdot 2x}{(1 + x^2)^2} = \frac{1 - x^2}{(1 + x^2)^2} < 0.$$

Schließlich ist $f(1) = \frac{1}{2}$, $f(2) = \frac{2}{5}$; die Intervallänge ist 1.

Damit erhält man die Rechtecksabschätzung

$$\frac{2}{5} \cdot 1 \leq \int_1^2 \frac{x}{1 + x^2}\, dx \leq \frac{1}{2} \cdot 1,$$

woraus insgesamt folgt:

$$\frac{2}{5} \leq \int_{-1}^{2} \frac{x}{1 + x^2}\, dx \leq \frac{1}{2}.$$

LK Mathematik Lösungen Klausur Nr. 7

Aufgabe 1

1.1 $\quad f'(x) = \dfrac{(4x+3)\cdot(x-1)^2 - (2x^2+3x)\cdot 2(x-1)\cdot 1}{(x-1)^4}$

$\quad f'(x) = \dfrac{4x^2 - 4x + 3x - 3 - 4x^2 - 6x}{(x-1)^3}$

$\quad f'(x) = \dfrac{-7x - 3}{(x-1)^3}$

1.2 $\quad f'(x) = 2\cdot\left[\dfrac{3x+1}{x^2-4}\right]\cdot\dfrac{3\cdot(x^2-4) - (3x+1)\cdot 2x}{(x^2-4)^2}$

$\quad f'(x) = 2\cdot\dfrac{(3x+1)\cdot(-3x^2 - 2x - 12)}{(x^2-4)^3}$

1.3 $\quad f'(x) = \dfrac{3(x+2)^2\cdot 1\cdot(x-2)^2 - (x+2)^3\cdot 2\cdot(x-2)\cdot 1}{(x-2)^4}$

$\quad f'(x) = \dfrac{(x+2)^2\cdot(3x - 6 - 2x - 4)}{(x-2)^3}$

$\quad f'(x) = \dfrac{(x+2)^2\cdot(x-10)}{(x-2)^3}$

1.4 $\quad f'(x) = \dfrac{2x\cdot(t-x)^2 - (t^2+x^2)\cdot 2(t-x)\cdot(-1)}{(t-x)^4}$

$\quad f'(x) = \dfrac{2tx - 2x^2 + 2t^2 + 2x^2}{(t-x)^3}$

$\quad f'(x) = \dfrac{2t\cdot(x+t)}{(t-x)^3}$

Aufgabe 2

2.1 1. Nullstellen des Zählers

Bed.: $4x^2 - 10x - 6 = 0$
$\quad\quad 2x^2 - 5x - 3 = 0$
$\quad\quad\quad D = (-5)^2 - 4\cdot 2\cdot(-3) = 25 + 24 = 49 > 0$
$\quad\quad\quad x_{1;2} = \dfrac{5\pm 7}{4}$
$\quad\quad\quad x_1 = 3, \quad x_2 = -\dfrac{1}{2}.$

Die Nullstellen des Zählers sind $x_1 = 3$, $x_2 = -\dfrac{1}{2}$.

2. Definitionslücken (Nullstellen des Nenners)

Bed.: $x^3 - 6x^2 + 9x = 0$
$\quad\quad x(x-3)^2 = 0$

LK Mathematik — Lösungen — Klausur Nr. 7

Aufgabe 2 (Fortsetzung)

$$x_3 = 0, \quad x_4 = x_5 = 3.$$

Die Definitionslücken sind $x_3 = 0$, $x_4 = 3$.

Damit läßt sich die Funktionsgleichung auch in der Form

$$f(x) = \frac{4 \cdot (x-3)(x+\frac{1}{2})}{x \cdot (x-3)^2} = \frac{4(x+\frac{1}{2})}{x \cdot (x-3)} \quad \text{mit } D_f = \mathbb{R}\setminus\{0;3\}$$

schreiben.

Damit ist klar, daß f nur die Nullstelle $x_2 = -\frac{1}{2}$ besitzt!

3. Art der Definitionslücken

Bei $x_3 = 0$ liegt ein Pol mit Vorzeichenwechsel vor, denn es gilt:

Falls $x \to 0$, $x > 0$, dann $f(x) \to -\infty$,

falls $x \to 0$, $x < 0$, dann $f(x) \to +\infty$.

Bei $x_4 = 3$ liegt ebenfalls ein Pol mit Vorzeichenwechsel vor.

Hier gilt nämlich:

Falls $x \to 3$, $x > 3$, dann $f(x) \to +\infty$,

falls $x \to 3$, $x < 3$, dann $f(x) \to -\infty$.

4. Verhalten für $|x| \to \infty$

$$\lim_{|x|\to\infty} f(x) = \lim_{|x|\to\infty} \frac{4x^2 - 10x - 6}{x^3 - 6x^2 + 9x} = \lim_{|x|\to\infty} \frac{\frac{4}{x} - \frac{10}{x^2} - \frac{6}{x^3}}{1 - \frac{6}{x} + \frac{9}{x^2}} = 0$$

2.2   1. Nullstellen des Zählers

Bed.: $x^4 - x^2 - 12 = 0$

Substitution: $x^2 = u$

$$u^2 - u - 12 = 0$$
$$(u+3)(u-4) = 0$$
$$u_1 = -3, \quad u_2 = 4$$

Resubstitution: $x^2 = -3$, $\quad x^2 = 4$

unerfüllbar; $x_1 = 2$, $x_2 = -2$.

Die Nullstellen des Zählers sind $x_1 = 2$, $x_2 = -2$.

2. Definitionslücken

Bed.: $x^3 + 2x^2 - 4x - 8 = 0$.

Gezieltes Raten durch Betrachten der ganzzahligen Teiler von -8 liefert $x_3 = 2$.

Aufgabe 2 (Fortsetzung)

Polynomdivision:
$$(x^3 + 2x^2 - 4x - 8):(x - 2) = x^2 + 4x + 4$$
$$\underline{-(x^3 - 2x^2)}$$
$$\quad\quad 4x^2 - 4x$$
$$\quad\quad \underline{-(4x^2 - 8x)}$$
$$\quad\quad\quad\quad 4x - 8$$
$$\quad\quad\quad\quad \underline{-(4x - 8)}$$
$$\quad\quad\quad\quad\quad\quad 0$$

$x^2 + 4x + 4 = 0$
$(x + 2)^2 = 0$
$x_{4;5} = -2$.

Die Definitionslücken sind $x_3 = 2$, $x_4 = x_5 = -2$.
Damit kann man die Funktionsgleichung auch in der Form

$$f(x) = \frac{(x^2 + 3)(x - 2)(x + 2)}{(x + 2)^2 \cdot (x - 2)} = \frac{x^2 + 3}{x + 2} \quad \text{mit } D_f = \mathbb{R} \setminus \{-2; 2\}$$

aufschreiben.
Die Funktion f besitzt also überhaupt keine Nullstellen.

3. Art der Definitionslücken

Bei $x_3 = 2$ liegt eine hebbare Definitionslücke vor, da x_3 zugleich Zähler- und Nennernullstelle gleicher Vielfachheit ist. Es gilt: $\lim_{x \to 2} f(x) = \frac{7}{4}$.

Bei $x_4 = -2$ liegt ein Pol mit Vorzeichenwechsel vor, denn es gilt:
Falls $x \to -2$, $x > -2$, dann $f(x) \to +\infty$,
falls $x \to -2$, $x < -2$, dann $f(x) \to -\infty$.

4. Verhalten für $|x| \to \infty$

Da der Grad im Zählerterm um 1 größer ist als der Grad im Nennerterm, existiert kein Grenzwert von f falls $|x| \to \infty$.
Wegen $(x^2 + 3):(x + 2) = x - 2 + \frac{7}{x + 2}$ hat die Kurve eine schiefe Asymptote mit der Gleichung $a(x) = x - 2$.

2.3 1. Nullstellen des Zählers

Bed.: $2tx^3 = 0$
$x_1 = x_2 = x_3 = 0$.
Die Zählernullstelle ist also eine dreifache.

2. Definitionslücken

Bed.: $x^4 - 2t^2 x^2 = 0$
$x^2(x^2 - 2t^2) = 0$
$x_4 = x_5 = 0$, $x_6 = t\sqrt{2}$, $x_7 = -t\sqrt{2}$.

LK Mathematik   Lösungen   Klausur Nr. 7

Aufgabe 2 (Fortsetzung)

Die Definitionslücken sind also $x_4 = x_5 = 0$, $x_6 = t\sqrt{2}$, $x_7 = -t\sqrt{2}$.

Somit läßt sich f schreiben als $f(x) = \dfrac{2tx}{x^2 - 2t^2}$ mit

$D_f = \mathbb{R}\setminus\{0; -t\sqrt{2}; t\sqrt{2}\}$.

f besitzt daher keine Nullstellen.

3. Art der Definitionslücken

Da x_6 und x_7 einfache Nennernullstellen sind, die nicht zugleich Zählernullstellen sind, liegt dort je ein Pol mit Vorzeichenwechsel vor:

Wenn $x \to t\sqrt{2}$, $x > t\sqrt{2}$, $t > 0$, dann $f(x) \to +\infty$,
wenn $x \to t\sqrt{2}$, $x < t\sqrt{2}$, $t > 0$, dann $f(x) \to -\infty$.

Wenn $x \to -t\sqrt{2}$, $x > -t\sqrt{2}$, $t > 0$, dann $f(x) \to -\infty$,
wenn $x \to -t\sqrt{2}$, $x < -t\sqrt{2}$, $t > 0$, dann $f(x) \to +\infty$.

$x_4 = 0$ ist hebbare Definitionslücke mit $\lim\limits_{x \to 0} f(x) = 0$.

4. Verhalten für $|x| \to \infty$

$$\lim_{|x|\to\infty} f(x) = \lim_{|x|\to\infty} \frac{2tx^3}{x^4 - 2t^2 x^2} = \lim_{|x|\to\infty} \frac{\frac{2t}{x}}{1 - \frac{2t^2}{x^2}} = 0.$$

Aufgabe 3

Gegeben sind die Funktionen f_t durch $f_t(x) = \dfrac{2t}{x^2} - \dfrac{t}{x}$, $x \in \mathbb{R}\setminus\{0\}$, $t \in \mathbb{R}^+$.

3.1   1. Symmetrie von K_t

Sei $x_0 \in D_f$ beliebig, dann ist auch $-x_0 \in D_f$.

Somit: $f_t(-x_0) = \dfrac{2t}{(-x_0)^2} - \dfrac{4}{(-x_0)}$

$= \dfrac{2t}{x_0^2} + \dfrac{4}{x_0}$.

Man erkennt also:

$f_t(-x_0) \ne f_t(x_0)$

$f_t(-x_0) \ne -f_t(x_0)$.

Demnach ist K_t weder symmetrisch zur y-Achse noch zum Koordinatenursprung O.

LK Mathematik — Lösungen — Klausur Nr. 7

Aufgabe 3 (Fortsetzung)

2. Asymptoten

Wegen $\lim\limits_{|x|\to\infty} f_t(x) = \lim\limits_{|x|\to\infty} (\frac{2t}{x^2} - \frac{4}{x}) = 0$ ist die x-Achse waagrechte Asymptote.

Bei der Definitionslücke $x_1 = 0$ liegt eine Polstelle ohne Vorzeichenwechsel vor. Die y-Achse ist also senkrechte Asymptote.

3.2 1. Schnittpunkte von K_t mit der x-Achse

Bed.: $f_t(x) = 0$

$$\frac{2t}{x^2} - \frac{4}{x} = 0$$

$$\frac{2t - 4x}{x^2} = 0$$

$$2t - 4x = 0$$

$$x_1 = \tfrac{1}{2}t \ .$$

Der einzige Schnittpunkt mit der x-Achse ist $X_t(\tfrac{1}{2}t \mid 0)$.

2. Ableitungen

$$f_t'(x) = -4tx^{-3} + 4x^{-2}$$
$$f_t'(x) = -\frac{4t}{x^3} + \frac{4}{x^2}$$

$$f_t''(x) = 12tx^{-4} - 8x^{-3}$$
$$f_t''(x) = \frac{12t}{x^4} - \frac{8}{x^3}$$

$$f_t'''(x) = -48tx^{-5} + 24x^{-4}$$
$$f_t'''(x) = -\frac{48t}{x^5} + \frac{24}{x^4}$$

3. Extrempunkte

Bed.: $f'(x) = 0$

$$-\frac{4t}{x^3} + \frac{4}{x^2} = 0$$

$$-4t + 4x = 0$$

$$x_2 = t$$

$$f_t(t) = -\frac{2}{t}$$

$$f_t''(t) = \frac{12t}{t^4} - \frac{8}{t^3} = \frac{4}{t^3} > 0, \text{ da } t > 0 \ .$$

Die Kurve K_t hat somit den Tiefpunkt $T_t(t \mid -\tfrac{2}{t})$.

Aufgabe 3 (Fortsetzung)

4. Wendepunkte

Bed.: $f_t''(x) = 0$

$$\frac{12t}{x^4} - \frac{8}{x^3} = 0 \qquad |\cdot x^4, \; x \neq 0$$

$$12t - 8x = 0$$

$$x_3 = \frac{3}{2}t$$

$$f_t(\tfrac{3}{2}t) = \frac{2t}{(\tfrac{3}{2}t)^2} - \frac{4}{(\tfrac{3}{2}t)} = \frac{8}{9t} - \frac{8}{3t} = -\frac{16}{9t}$$

$$f_t'''(x) = -\frac{48t}{(\tfrac{3}{2}t)^5} + \frac{24}{(\tfrac{3}{2}t)^4} \neq 0 \;.$$

Die Kurve K_t besitzt folglich den Wendepunkt $W_t(\tfrac{3}{2}t \mid -\tfrac{16}{9t})$.

3.3 Schaubild K_2

Es gilt: $f_2(x) = \dfrac{4}{x^2} - \dfrac{4}{x}$, $x \in \mathbb{R}\setminus\{0\}$.

Mit dem Schnittpunkt $X_2(1 \mid 0)$ mit der x-Achse, dem Tiefpunkt $T_2(2 \mid -1)$ und dem Wendepunkt $W_2(3 \mid -\tfrac{8}{9})$ erhält man:

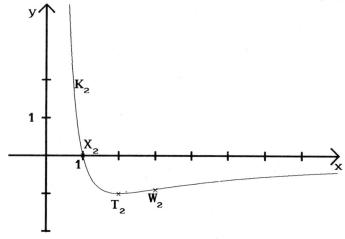

3.4 Normale im Wendepunkt

Die Normalensteigung im Wendepunkt $W_t(\tfrac{3}{2}t \mid -\tfrac{16}{9t})$ berechnet man durch

$$m_n = -\frac{1}{m_t} \;.$$

Nun gilt:

$$m_t = f_t'(\tfrac{3}{2}t)$$

$$m_t = -\frac{4t}{(\tfrac{3}{2}t)^3} + \frac{4}{(\tfrac{3}{2}t)^2}$$

$$m_t = -\frac{32}{27t^2} + \frac{16}{9t^2}$$

LK Mathematik Lösungen Klausur Nr. 7

Aufgabe 3 (Fortsetzung)

$$m_t = \frac{16}{27t^2}$$

Somit ergibt sich: $m_n = -\frac{27}{16}t^2$.

Die Bedingung der Aufgabenstellung lautet $m_n = -3$, woraus folgt:

$$-\frac{27t^2}{16} = -3 \qquad |:(-\frac{27}{16})$$

$$t^2 = \frac{16}{9}$$

$$t_1 = \frac{4}{3}, \quad t_2 = -\frac{4}{3} \notin \mathbb{R}^+$$

Nur für $t = \frac{4}{3}$ besitzt die Wendenormale die Steigung -3.

3.5 Drehkörpervolumen

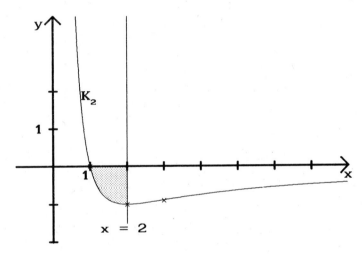

Für das Drehkörpervolumen gilt:

$$V = \pi \cdot \int_1^2 [f_2(x)]^2 \, dx$$

$$V = \pi \cdot \int_1^2 \left(\frac{4}{x^2} - \frac{4}{x}\right)^2 \, dx$$

$$V = 16 \cdot \pi \cdot \int_1^2 (x^{-4} - 2x^{-3} + x^{-2}) \, dx$$

$$V = 16 \cdot \pi \cdot \left[-\frac{1}{3} \cdot x^{-3} + 1 \cdot x^{-2} - 1 \cdot x^{-1}\right]_1^2$$

$$V = 16 \cdot \pi \cdot \left[\left(-\frac{1}{24} + \frac{1}{4} - \frac{1}{2}\right) - \left(-\frac{1}{3} + 1 - 1\right)\right]$$

LK Mathematik Lösungen Klausur Nr. 7

Aufgabe 4

$$V = 16 \cdot \pi \cdot \left[\frac{-1 + 6 - 12}{24} + \frac{8}{24}\right]$$

$$V = 16 \cdot \pi \cdot \frac{1}{24}$$

$$V = \frac{2}{3} \cdot \pi \quad .$$

Der Drehkörper hat also einen Rauminhalt von etwa 2,09 Volumeneinheiten.

Aufgabe 4

4.1 $\quad f(x) = 2 \cdot \dfrac{(x - 2)(x + 2)}{x^2} \; , \; x \in \mathbb{R}\setminus\{0\}$

4.2 $\quad f(x) = x - 1 + \dfrac{1}{x^2} \; , \; x \in \mathbb{R}\setminus\{0\}$

LK Mathematik   Lösungen   Klausur Nr. 8

Aufgabe 1

Nach Definition der Ableitungsfunktion $f'(x)$ einer Funktion f ist zu zeigen, daß für alle x_0 aus dem Definitionsbereich der Grenzwert $\lim\limits_{x \to x_0} \dfrac{f(x) - f(x_0)}{x - x_0}$ existiert.

Es sei $x_0 \in \mathbb{R}\setminus\{0\}$ beliebig gewählt. Der Differenzenquotient lautet:

$$\dfrac{f(x) - f(x_0)}{x - x_0} = \dfrac{\dfrac{1}{x} - \dfrac{1}{x_0}}{x - x_0}$$

$$= \dfrac{\dfrac{x_0 - x}{x \cdot x_0}}{x - x_0}$$

$$= \dfrac{-(x - x_0)}{x \cdot x_0 (x - x_0)}$$

$$= -\dfrac{1}{x \cdot x_0} .$$

Damit ist klar, daß für $x \to x_0$ ein Grenzwert existiert und es gilt

$$f'(x_0) = \lim_{x \to x_0} \left(-\dfrac{1}{x \cdot x_0}\right)$$

$$= -\dfrac{1}{x_0^2} .$$

Dies war zu zeigen.

Aufgabe 2

Die Funktion f ist gegeben durch $f(x) = \dfrac{x^3 + 4}{2x^2}$, $x \in \mathbb{R}\setminus\{0\}$.

1. Gleichung der schiefen Asymptote

Es gilt $f(x) = \dfrac{x^3 + 4}{2x^2} = \dfrac{x}{2} + \dfrac{2}{x^2}$.

Die Gleichung der schiefen Asymptote ist $a(x) = \dfrac{x}{2}$, $x \in \mathbb{R}$, denn es gilt:

$$\lim_{|x| \to \infty} (f(x) - a(x)) = \lim_{|x| \to \infty} \left(\dfrac{x}{2} + \dfrac{2}{x^2} - \dfrac{x}{2}\right)$$

$$= \lim_{|x| \to \infty} \dfrac{2}{x^2}$$

$$= 0 .$$

2. Bestimmung des Tiefpunkts von K_f

Es gilt für $x \in \mathbb{R}\setminus\{0\}$: $f'(x) = \dfrac{1}{2} - \dfrac{4}{x^3}$, $f''(x) = -\dfrac{12}{x^4}$.

LK Mathematik — Lösungen — Klausur Nr. 8

Aufgabe 2 (Fortsetzung)

Die Bedingung $f'(x) = 0$ liefert zunächst

$$x^3 = 8$$
$$x_1 = 2$$

woraus folgt: $f(2) = \frac{3}{2}$

$$f''(2) = \frac{12}{16} > 0 \ .$$

Somit ist $T(2|\frac{3}{2})$ Tiefpunkt.

3. Flächenberechnung

Die Fläche wird zunächst berandet von K_f, der Asymptoten mit der Gleichung $a(x) = \frac{x}{2}$, der Geraden durch den Tiefpunkt T parallel zur y-Achse mit der Gleichung $x = 2$ und der Geraden mit der Gleichung $x = u$, $u > 2$.

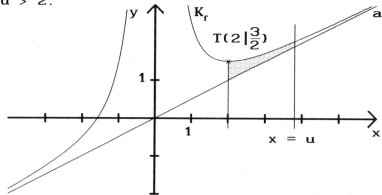

Da für $x \geq 2$ gilt $f(x) > a(x)$, schneiden sich K_f und die schiefe Asymptote nicht und K_f liegt vollständig oberhalb der Asymptote. Daher gilt für den Flächeninhalt:

$$A(u) = \int_2^u (f(x) - a(x))\, dx$$

$$A(u) = \int_2^u \left(\frac{x}{2} + \frac{2}{x^2} - \frac{x}{2}\right) dx$$

$$A(u) = \int_2^u 2x^{-2}\, dx$$

$$A(u) = \left[-2x^{-1}\right]_2^u$$

$$A(u) = -\frac{2}{u} + 1 \ .$$

Für den gesuchten Flächeninhalt ergibt sich:

$$A = \lim_{u \to \infty} A(u)$$
$$= \lim_{u \to \infty} \left(-\frac{2}{u} + 1\right)$$
$$= 1 \ .$$

Die ins Unendliche reichende Fläche hat den Inhalt 1 Flächeneinheit.

LK Mathematik Lösungen Klausur Nr. 8

Aufgabe 3

Gegeben ist die Funktion f durch $f(x) = \dfrac{x^2 + 2x}{x^2 - 1}$, $x \in \mathbb{R}\setminus\{-1; 1\}$.

3.1 1. Schnittpunkte des Schaubilds K_f mit der x-Achse

Bed.: $f(x) = 0$

$$\frac{x^2 + 2x}{x^2 - 1} = 0 \, , \, x \in \mathbb{R}\setminus\{-1;1\}$$

$$x^2 + 2x = 0$$

$$x(x + 2) = 0$$

$$x_1 = 0 \, , \, x_2 = -2.$$

Die Kurve K_f schneidet die x-Achse in den Punkten $X_1(0|0)$ und $X_2(-2|0)$.

2. Symmetrieuntersuchung

Wenn für alle $x_0 \in D_f = \mathbb{R}\setminus\{-1;1\}$ gilt

$$f(-x_0) = -f(x_0) \, ,$$

dann ist das Schaubild K_f symmetrisch zum Koordinatenursprung. Nun sei $x_0 \in D_f$. Dann ist auch $-x_0 \in D_f$ und es gilt:

$$f(-x_0) = \frac{(-x_0)^2 + 2\cdot(-x_0)}{(-x_0)^2 - 1}$$

$$f(-x_0) = \frac{x_0^2 - 2x_0}{x_0^2 - 1} \, ,$$

$$-f(x_0) = -\frac{x_0^2 + 2x_0}{x_0^2 - 1}$$

$$-f(x_0) = \frac{-x_0^2 - 2x_0}{x_0^2 - 1} \, .$$

Nicht für alle $x_0 \in D_f$ gilt $f(-x_0) = -f(x_0)$. Somit ist das Schaubild K_f nicht symmetrisch zum Koordinatenursprung.

3. Senkrechte Asymptoten

Faktorisierung des Zählers und des Nenners führt zu

$$f(x) = \frac{x\cdot(x+2)}{(x-1)\cdot(x+1)} \, .$$

Daraus erkennt man:

Wenn $x \to 1$, $x > 1$, dann $f(x) \to +\infty$,

wenn $x \to 1$, $x < 1$, dann $f(x) \to -\infty$.

Wenn $x \to -1$, $x > -1$, dann $f(x) \to +\infty$,

wenn $x \to -1$, $x < -1$, dann $f(x) \to -\infty$.

Aufgabe 3 (Fortsetzung)

Das Schaubild hat daher zwei senkrechte Asymptoten mit den Gleichungen $x = 1$ bzw. $x = -1$.

4. Waagrechte Asymptoten

Es gilt:
$$f(x) = \frac{x^2 + 2x}{x^2 - 1}$$

$$f(x) = \frac{1 + \frac{2}{x}}{1 - \frac{1}{x^2}}.$$

Daher:
$$\lim_{|x| \to \infty} f(x) = \lim_{|x| \to \infty} \frac{1 + \frac{2}{x}}{1 - \frac{1}{x^2}}$$

$$\lim_{|x| \to \infty} f(x) = 1.$$

Das Schaubild hat eine waagrechte Asymptote mit der Gleichung $y = 1$.

3.2 **1. Ableitungen**

$$f(x) = \frac{x^2 + 2x}{x^2 - 1}$$

$$f'(x) = \frac{(2x + 2) \cdot (x^2 - 1) - (x^2 + 2x) \cdot 2x}{(x^2 - 1)^2}$$

$$= \frac{2x^3 - 2x + 2x^2 - 2 - 2x^3 - 4x^2}{(x^2 - 1)^2}$$

$$= \frac{-2x^2 - 2x - 2}{(x^2 - 1)^2}$$

$$= -2 \cdot \frac{x^2 + x + 1}{(x^2 - 1)^2}$$

$$f''(x) = -2 \cdot \frac{(2x + 1) \cdot (x^2 - 1)^2 - (x^2 + x + 1) \cdot 2(x^2 - 1) \cdot 2x}{(x^2 - 1)^4}$$

$$= -2 \cdot \frac{2x^3 - 2x + x^2 - 1 - 4x^3 - 4x^2 - 4x}{(x^2 - 1)^3}$$

$$= -2 \cdot \frac{-2x^3 - 3x^2 - 6x - 1}{(x^2 - 1)^3}$$

$$= 2 \cdot \frac{2x^3 + 3x^2 + 6x + 1}{(x^2 - 1)^3}$$

Aufgabe 3 (Fortsetzung)

2. Extrempunkte

Bed.: $\qquad f'(x) = 0$

$$-2 \cdot \frac{x^2 + x + 1}{(x^2 - 1)^2} = 0$$

$$x^2 + x + 1 = 0$$

$$D = 1^2 - 4 \cdot 1 \cdot 1 = -3 < 0$$

Daher hat die quadratische Gleichung keine reelle Lösung. Es gibt somit keine Kurvenpunkte mit waagrechter Tangente.

3. Wendepunkt

Bed.: $\qquad f''(x) = 0$

$$2 \cdot \frac{2x^3 + 3x^2 + 6x + 1}{(x^2 - 1)^3} = 0$$

$$2x^3 + 3x^2 + 6x + 1 = 0$$

Diese Gleichung dritten Grades wird mit dem Newtonschen Iterationsverfahren näherungsweise gelöst.
Die Funktion h wird erklärt durch
$h(x) = 2x^3 + 3x^2 + 6x + 1$, $x \in \mathbb{R}$.
Sie ist auf $\mathbb{R}$ stetig und differenzierbar und es gilt:
$h'(x) = 6x^2 + 6x + 6$.
Wegen
$h(-1) = 2 \cdot (-1)^3 + 3 \cdot (-1)^2 + 6 \cdot (-1) + 1 = -4 < 0$
und
$h(1) = 2 \cdot 1^3 + 3 \cdot 1^2 + 6 \cdot 1 + 1 = 12 > 0$
existiert nach dem Nullstellensatz im Intervall $]-1; 1[$ wenigstens eine Nullstelle von h. Nach Aufgabenstellung ist dies sogar die einzige Nullstelle in diesem Intervall.
Die Iterationsvorschrift lautet:

$$x_{n+1} = x_n - \frac{h(x_n)}{h'(x_n)},$$

speziell also:

$$x_{n+1} = x_n - \frac{2x^3 + 3x^2 + 6x + 1}{6 \cdot (x^2 + x + 1)}.$$

Die Zeichnung legt den Startwert $x_0 = 0$ nahe.
Damit erhält man:

$$x_1 = -0{,}1666666\ldots$$
$$x_2 = -0{,}1810003\ldots$$
$$x_3 = -0{,}1810828\ldots$$

Die Abszisse des gesuchten Wendepunktes ist daher näherungs-

Aufgabe 3 (Fortsetzung)

weise $x_w \approx -0{,}181$.

Daraus folgt $f(x_w) \approx 0{,}341$.

Der Wendepunkt ist demnach $W(-0{,}181 | 0{,}341)$.

3.3   Schaubild

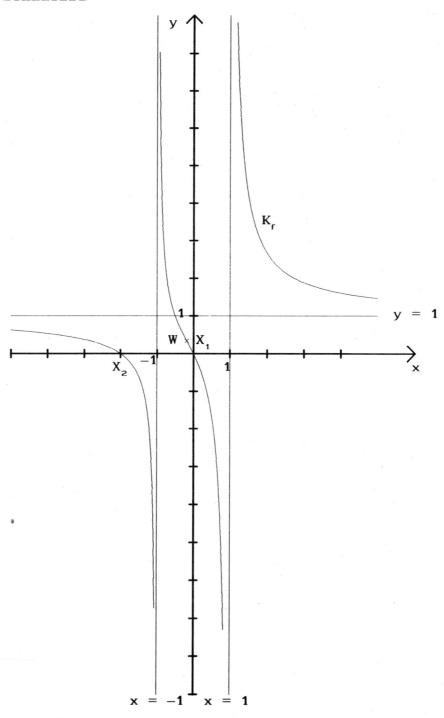

Aufgabe 3 (Fortsetzung)

Nun sind die Funktionen f_t für alle $t \in R^+$ gegeben durch

$$f_t(x) = \frac{x^2 + 2tx}{x^2 - t} = \frac{x \cdot (x + 2t)}{(x - \sqrt{t}) \cdot (x + \sqrt{t})} \quad , \quad x \in D_t \, .$$

3.4 Stetige Fortsetzung von f_t

Wenn f_t stetig fortsetzbar in eine Definitionslücke x_0 sein soll, dann muß $\lim\limits_{x \to x_0} f_t(x)$ existieren.

Dies ist gewiß dann der Fall, wenn sich der Linearfaktor $x - x_0$ vollständig aus dem Nenner des Funktionsterms herauskürzen läßt.

Aus der Faktorisierung von Zähler und Nenner des Funktionsterms erkennt man die Definitionslücken $\sqrt{t}$ bzw. $-\sqrt{t}$.

Für $t \in R^+$ läßt sich $x - \sqrt{t}$ nicht aus dem Nenner herauskürzen, da dann $\sqrt{t} = -2t$ oder $\sqrt{t} = 0$ sein müßte. Dies ist für positive Werte von t unmöglich. Allerdings kann man $x + \sqrt{t}$ kürzen, wenn $\sqrt{t} = 2t$ gilt.

Daraus folgt durch Quadrieren:

$$t = 4t^2$$
$$4t^2 - t = 0$$
$$t \cdot (4t - 1) = 0 \qquad | :t, \ t \neq 0$$
$$t = \frac{1}{4} \, .$$

Die Probe zeigt, daß $t = \frac{1}{4}$ die Bedingung $\sqrt{t} = 2t$ erfüllt. Damit erhält man:

$$f_{\frac{1}{4}}(x) = \frac{x \cdot (x + \frac{1}{2})}{(x - \frac{1}{2}) \cdot (x + \frac{1}{2})} \quad , \quad x \in R \setminus \{-\frac{1}{2}; \frac{1}{2}\}$$

$$f_{\frac{1}{4}}(x) = \frac{x}{x - \frac{1}{2}} \quad , \quad x \in R \setminus \{-\frac{1}{2}; \frac{1}{2}\} \, .$$

$$\lim_{x \to -\frac{1}{2}} f_{\frac{1}{4}}(x) = \frac{1}{2} \, ,$$

woraus sich die stetige Fortsetzung $\tilde{f}$ mit

$$\tilde{f}(x) = \tilde{f}_{\frac{1}{4}}(x) = \begin{cases} \dfrac{x}{x - \frac{1}{2}} & \text{für } x \in R \setminus \{-\frac{1}{2}; \frac{1}{2}\} \\ \dfrac{1}{2} & \text{für } x = -\frac{1}{2} \end{cases}$$

ergibt.

LK Mathematik   Lösungen   Klausur Nr. 8

Aufgabe 3 (Fortsetzung)

3.5   Untersuchung des Schaubilds von $\tilde{f}$ auf Punktsymmetrie

Da das Schaubild von $\tilde{f}$ eine senkrechte Asymptote mit der Gleichung $x = \frac{1}{2}$ und die waagrechte Asymptote mit der Gleichung $y = 1$ hat, liegt es nahe, den Asymptotenschnittpunkt $Z(\frac{1}{2}|1)$ als Symmetriezentrum zu vermuten.

Eine Kurve K_g ist genau dann punktsymmetrisch zu einem Punkt $Z(x_z|y_z)$, wenn für alle $h \in \mathbb{R}$, für die $x_z + h$ und $x_z - h$ aus dem Definitionsbereich D_g der Funktion g sind, gilt:

$$\frac{1}{2}[g(x_z+h) + g(x_z-h)] = y_z \; .$$

Für die Funktion $\tilde{f}$ und $x_z = \frac{1}{2}$, $y_z = 1$ erhält man für $x_z + h \neq -\frac{1}{2}$ bzw. $x_z - h \neq -\frac{1}{2}$:

$$\frac{1}{2} \cdot [\tilde{f}(\tfrac{1}{2}+h) + \tilde{f}(\tfrac{1}{2}-h)] = \frac{1}{2} \cdot \left[\frac{\tfrac{1}{2}+h}{\tfrac{1}{2}+h-\tfrac{1}{2}} + \frac{\tfrac{1}{2}-h}{\tfrac{1}{2}-h-\tfrac{1}{2}}\right]$$

$$= \frac{1}{2} \cdot \left[\frac{\tfrac{1}{2}+h}{h} + \frac{\tfrac{1}{2}-h}{-h}\right]$$

$$= \frac{1}{2} \cdot \frac{\tfrac{1}{2}+h-\tfrac{1}{2}+h}{h}$$

$$= 1$$

$$= y_z \; .$$

Für $x_z + h = -\frac{1}{2}$ folgt mit $x_z = \frac{1}{2}$ schließlich $h = -1$ und daraus $x_z - h = \frac{1}{2} - (-1) = \frac{3}{2}$, also

$$\frac{1}{2} \cdot [\tilde{f}(-\tfrac{1}{2}) + \tilde{f}(\tfrac{3}{2})] = \frac{1}{2} \cdot [\tfrac{1}{2} + \tfrac{3}{2}]$$

$$= 1 \; .$$

Entsprechendes ergibt sich für $x_z - h = -\frac{1}{2}$.

Somit ist das Schaubild von $\tilde{f}$ tatsächlich punktsymmetrisch zu $Z(\frac{1}{2}|1)$.

3.6   Scharkurven K_t mit genau zwei gemeinsamen Punkten

Für $t_1, t_2 \in \mathbb{R}^+$, $t_1 \neq t_2$, findet man die Abszissen gemeinsamer Punkte der Kurven K_1 und K_2 durch die Bedingung

$$f_{t_1}(x) = f_{t_2}(x) \; , \; x \in D_{t_1} \cap D_{t_2} \; .$$

LK Mathematik — Lösungen — Klausur Nr. 8

Aufgabe 3 (Fortsetzung)

Daraus folgt:

$$\frac{x^2 + 2t_1 x}{x^2 - t_1} = \frac{x^2 + 2t_2 x}{x^2 - t_2}$$

$$(x^2 + 2t_1 x)\cdot(x^2 - t_2) = (x^2 + 2t_2 x)\cdot(x^2 - t_1)$$

$$x^4 - t_2 x^2 + 2t_1 x^3 - 2t_1 t_2 x = x^4 - t_1 x^2 + 2t_2 x^3 - 2t_1 t_2 x$$

$$- t_2 x^2 + 2t_1 x^3 = - t_1 x^2 + 2t_2 x^3$$

$$t_1 x^2 - t_2 x^2 + 2t_1 x^3 - 2t_2 x^3 = 0$$

$$(t_1 - t_2)\cdot x^2 + 2(t_1 - t_2)\cdot x^3 = 0 \qquad |:(t_1-t_2),\ t_1-t_2\neq 0$$

$$x^2 + 2x^3 = 0$$

$$x^2 \cdot (1 + 2x) = 0$$

$$x_1 = 0, \quad x_2 = -\frac{1}{2}.$$

Zwei verschiedene Kurven der Schar haben genau dann zwei gemeinsame Punkte, wenn beide x-Werte im Definitionsbereich D_t der Funktion f_t liegen. Dieser Definitionsbereich ist $D_t = \mathbb{R}\setminus\{-\sqrt{t}\,;\sqrt{t}\,\}$, $t \in \mathbb{R}^+$. Somit ist $x_1 = 0$ für alle $t \in \mathbb{R}^+$ in D_t enthalten, $x_2 = -\frac{1}{2}$ lediglich, falls $t \neq \frac{1}{4}$. Demzufolge haben alle Kurven K_t für $t \in \mathbb{R}^+\setminus\{\frac{1}{4}\}$ zwei gemeinsame Punkte. Es gilt $S(0|0)$, $T(-\frac{1}{2}|1)$.

LK Mathematik Lösungen Klausur Nr. 9

Aufgabe 1

Gegeben sind Funktionen f_t durch $f_t(x) = \sqrt{t^2 - x^2}$, $t \in \mathbb{R}^+$, $x \in D_t$.

1.1 Bestimmung des Definitionsbereichs D_t

Der Radikand muß größer oder gleich Null sein.
Bed.: $t^2 - x^2 \geq 0$
$$t^2 \geq x^2$$
$$|x| \leq t$$
$$-t \leq x \leq t.$$

Folglich ist der Definitionsbereich $D_t = \{x \in \mathbb{R} \mid -t \leq x \leq t\}$.

1.2 Monotonieuntersuchung

Bekannt ist: Wenn für eine differenzierbare Funktion f auf einem Intervall I $f'(x) > 0$ ($f'(x) < 0$) für alle $x \in I$ gilt, dann ist f auf I streng monoton steigend (fallend).

Hier: $f'_t(x) = \dfrac{-2x}{2\sqrt{t^2 - x^2}} = \dfrac{-x}{\sqrt{t^2 - x^2}}$ für $x \in]-t; t[$.

Für $x \in]0; t[$ ist $f'_t(x) < 0$, also f streng monoton fallend.
Für $x \in]-t; 0[$ ist $f'_t(x) > 0$ und f streng monoton steigend.

1.3 Integralabschätzung

Wegen der strengen Monotonie von f_t auf $[-t; -\tfrac{t}{2}]$ gilt:
$$f_t(-t) \leq f_t(x) \leq f_t(-\tfrac{t}{2})$$
$$0 \leq f_t(x) \leq \tfrac{t}{2}\sqrt{3}.$$

Folglich kann man die Rechtecksabschätzung vornehmen:

$$0 \leq \int_{-t}^{-\tfrac{t}{2}} f_t(x)\, dx \leq \int_{-t}^{-\tfrac{t}{2}} \tfrac{t}{2}\sqrt{3}\, dx$$

$$0 \leq \int_{-t}^{-\tfrac{t}{2}} f_t(x)\, dx \leq \left[\tfrac{t}{2}\sqrt{3} \cdot x\right]_{-t}^{-\tfrac{t}{2}}$$

$$0 \leq \int_{-t}^{-\tfrac{t}{2}} f_t(x)\, dx \leq \tfrac{t}{2}\sqrt{3} \cdot \tfrac{t}{2}$$

$$0 \leq \int_{-t}^{-\tfrac{t}{2}} f_t(x)\, dx \leq \tfrac{t^2}{4}\sqrt{3}.$$

Aufgabe 1 (Fortsetzung)

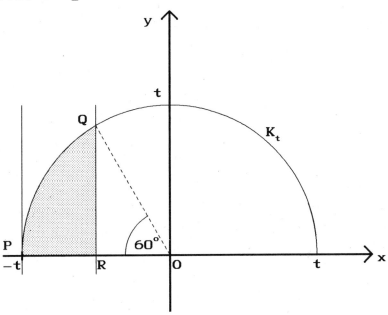

Bemerkung:

Eine bessere untere Schranke findet man folgendermaßen:
Man weist leicht nach, daß auf dem betrachteten Intervall
K_f eine Rechtskurve ist: Insbesondere verläuft damit die
Kurve in $[-t; -\frac{t}{2}]$ niemals unterhalb der Geraden durch die
Punkte $P(-t|0)$ und $Q(-\frac{t}{2}|\frac{t}{2}\sqrt{3})$.

Zur Abschätzung kann man daher den Inhalt des Dreiecks PQR
nutzen:

$$\frac{1}{2} \cdot \frac{t}{2} \cdot \frac{t}{2}\sqrt{3} \leq I(t) \leq \frac{t^2}{4}\sqrt{3}$$

$$\frac{t^2}{8}\sqrt{3} \leq I(t) \leq \frac{t^2}{4}\sqrt{3} .$$

1.4 Integralberechnung

Die Kurve K_t ist ein Halbkreis um O mit dem Radius t in der
Halbebene mit $y \geq 0$. Das gesuchte Integral kann als Flä-
cheninhaltsmaßzahl eines halben Segments dieses Halbkreises
gedeutet werden.
Das Dreieck POQ ist gleichseitig mit $\overline{PO} = \overline{OQ} = \overline{PQ} = t$.
Daher hat der Winkel QOP die Weite $60°$. Deshalb gilt:

$$I(t) = \frac{1}{6} \cdot A_{Kreis} - A_{\Delta ROQ}$$

$$I(t) = \frac{1}{6} \cdot \pi \cdot t^2 - \frac{1}{2} \cdot \frac{t}{2} \cdot \frac{t}{2}\sqrt{3}$$

$$I(t) = t^2 \cdot (\frac{\pi}{6} - \frac{\sqrt{3}}{8}) .$$

LK Mathematik   Lösungen   Klausur Nr. 9

Aufgabe 2

2.1 $I = \displaystyle\int_0^2 \dfrac{x}{\sqrt{4-x^2}}\, dx$

Substitution: $u(x) = \sqrt{4-x^2}$, $u(0) = 2$, $u(2) = 0$

$$\dfrac{du}{dx} = \dfrac{-2x}{2\sqrt{4-x^2}}$$

$$\dfrac{du}{dx} = \dfrac{-x}{\sqrt{4-x^2}}$$

$$dx = \dfrac{\sqrt{4-x^2}}{-x}\, du$$

$I = \displaystyle\int_2^0 \dfrac{x \cdot \sqrt{4-x^2}}{\sqrt{4-x^2}\cdot(-x)}\, du$

$I = \displaystyle\int_2^0 (-1)\, du$

$I = \bigl[-u\bigr]_2^0$

$I = -0 - (-2)$

$I = 2$

2.2 $I = \displaystyle\int_{-1}^3 \sqrt{x^2}\, dx = \int_{-1}^0 \sqrt{x^2}\, dx + \int_0^3 \sqrt{x^2}\, dx$

$I = \displaystyle\int_{-1}^0 (-x)\, dx + \int_0^3 x\, dx$

$I = \left[-\dfrac{1}{2}x^2\right]_{-1}^0 + \left[\dfrac{1}{2}x^2\right]_0^3$

$I = \left(0 - \left(-\dfrac{1}{2}\right)\right) + \left(\dfrac{1}{2}\cdot 9 - 0\right)$

$I = \dfrac{1}{2} + \dfrac{9}{2}$

$I = 5$

LK Mathematik   Lösungen   Klausur Nr. 9

Aufgabe 2 (Fortsetzung)

2.3 $\quad I = \int_{1}^{2\sqrt{2}} x \cdot \sqrt{1 + x^2} \, dx$

Substitution: $u(x) = \sqrt{1 + x^2}$, $u(1) = \sqrt{2}$, $u(2\sqrt{2}) = 3$

$$\frac{du}{dx} = \frac{2x}{2\sqrt{1 + x^2}} = \frac{x}{\sqrt{1 + x^2}}$$

$$dx = \frac{\sqrt{1 + x^2}}{x} du$$

$$I = \int_{\sqrt{2}}^{3} x \cdot \sqrt{1 + x^2} \cdot \frac{\sqrt{1 + x^2}}{x} \, du$$

$$I = \int_{\sqrt{2}}^{3} (1 + x^2) \, du$$

$$I = \int_{\sqrt{2}}^{3} u^2 \, du$$

$$I = \left[\frac{1}{3} u^3\right]_{\sqrt{2}}^{3}$$

$$I = 9 - \frac{2}{3}\sqrt{2}$$

Aufgabe 3

Gegeben sind Funktionen f_t durch $f_t(x) = t\sqrt{x} - x$, $t \in \mathbb{R}^+$, $0 \leq x \leq t^2$.

3.1   1. Gemeinsame Punkte von K_t und der x-Achse

Bed.: $\qquad f_t(x) = 0$

$\qquad\qquad t\sqrt{x} - x = 0$

$\qquad\qquad \sqrt{x} \cdot (t - \sqrt{x}) = 0$

$\qquad\qquad\qquad \sqrt{x} = 0 \quad \text{oder} \quad t - \sqrt{x} = 0$

$\qquad\qquad\qquad x_1 = 0, \qquad\qquad x_2 = t^2.$

$X_1(0|0)$ und $X_2(t^2|0)$ sind die gemeinsamen Punkte von Kurve K_t und der x-Achse.

Aufgabe 3 (Fortsetzung)

2. Ableitungen

$$f'_t(x) = t \cdot \frac{1}{2\sqrt{x}} - 1 \qquad \text{für } 0 < x < t^2$$

$$f''_t(x) = -\frac{t}{4} x^{-\frac{3}{2}} = -\frac{t}{4x\sqrt{x}}$$

3. Extrempunkt

Bed.: $f'_t(x) = 0$

$$t \cdot \frac{1}{2\sqrt{x}} - 1 = 0$$

$$\frac{t}{2\sqrt{x}} = 1$$

$$\frac{t}{2} = \sqrt{x}$$

$$x_3 = \frac{t^2}{4}$$

$$f_t\left(\frac{t^2}{4}\right) = t \cdot \frac{t}{2} - \frac{t^2}{4} = \frac{t^2}{4}$$

$$f''_t\left(\frac{t^2}{4}\right) < 0.$$

Folglich besitzt K_t den Hochpunkt $H_t\left(\frac{t^2}{4} \mid \frac{t^2}{4}\right)$.

4. Ortskurve der Hochpunkte

Für den Hochpunkt H_t gilt

$$x_t = \frac{t^2}{4},$$

$$y_t = \frac{t^2}{4},$$

also $y_t = x_t$ mit $x_t > 0$.

Die Hochpunktskurve hat somit die Gleichung $g(x) = x$, $x > 0$.

3.2 1. Krümmungsverhalten von K_t

Für alle zugelassenen Werte von x gilt wegen $t \in \mathbb{R}^+$
$f''_t(x) < 0$. Daher ist die Kurve eine Rechtskurve.

2. Schaubild

Für $t = 2$ erhält man:

$f_2(x) = 2\sqrt{x} - x$;
$X_1(0|0)$, $X_2(4|0)$,
$H(1|1)$,

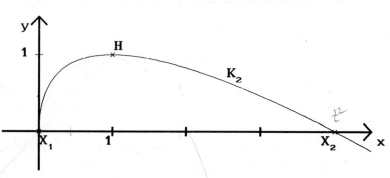

LK Mathematik — Lösungen — Klausur Nr. 9

Aufgabe 3

3.3 Schnittwinkel von K_t mit der positiven x-Achse

Für die Tangentensteigung in $X_2(t^2|0)$ gilt:

$$m_t = f'_t(t^2)$$

$$m_t = t \cdot \frac{1}{2\sqrt{t^2}} - 1$$

$$m_t = \frac{1}{2} - 1$$

$$m_t = -\frac{1}{2}.$$

Sie ist unabhängig vom Scharparameter. Folglich ist in jedem der gemeinsamen Punkte mit der x-Achse die Steigung dieselbe. Die Weite δ des Schnittwinkels ergibt sich aus

$$m_t = \tan\delta$$

zu $\quad \delta \approx -26{,}6°$ (bzw. $153{,}4°$).

3.4 Flächeninhaltsberechnung

Die zu berechnende Fläche liegt vollständig oberhalb der x-Achse. Daher gilt für die Flächeninhaltsmaßzahl:

$$A(t) = \int_0^{t^2} f_t(x)\, dx$$

$$A(t) = \int_0^{t^2} (t\sqrt{x} - x)\, dx$$

$$A(t) = \left[t \cdot \frac{2}{3} x^{\frac{3}{2}} - \frac{1}{2} x^2 \right]_0^{t^2}$$

$$A(t) = \left(t \cdot \frac{2}{3} t^3 - \frac{1}{2} t^4 \right) - 0$$

$$A(t) = \left(\frac{2}{3} - \frac{1}{2} \right) t^4$$

$$A(t) = \frac{1}{6} t^4.$$

Die gesuchte Flächeninhaltsmaßzahl ist $\frac{1}{6} t^4$.

3.5 Drehkörpervolumen

Wenn K_t um die x-Achse rotiert, so besitzt der Rotationskörper das Volumen $V(t)$ Volumeneinheiten, wobei gilt:

$$V(t) = \pi \cdot \int_0^{t^2} [f_t(x)]^2\, dx$$

LK Mathematik   Lösungen   Klausur Nr. 9

Aufgabe 3   (Fortsetzung)

$$V(t) = \pi \cdot \int_0^{t^2} (t\sqrt{x} - x)^2 \, dx$$

$$V(t) = \pi \cdot \int_0^{t^2} (t^2 x - 2t x^{\frac{3}{2}} + x^2) \, dx$$

$$V(t) = \pi \cdot \left[t^2 \cdot \frac{1}{2} x^2 - 2t \cdot \frac{2}{5} x^{\frac{5}{2}} + \frac{1}{3} x^3 \right]_0^{t^2}$$

$$V(t) = \pi \cdot (t^2 \cdot \frac{1}{2} t^4 - 2t \cdot \frac{2}{5} t^5 + \frac{1}{3} t^6)$$

$$V(t) = \pi \cdot (\frac{1}{2} t^6 - \frac{4}{5} t^6 + \frac{1}{3} t^6)$$

$$V(t) = \pi \cdot \frac{1}{30} \cdot t^6 \, .$$

Aufgabe 4

Gegeben ist die Funktion f mit $f(x) = \sqrt{\dfrac{x^2 \cdot (x - 2)}{x - 3}}$, $x \in D_f$.

4.1   **Definitionsbereich D_f**

Der Radikand darf nicht negativ werden, der Nenner des Radikanden muß von Null verschieden sein. Da $x^2 > 0$ für alle $x \in R\setminus\{0\}$, kann dieser Term bei der Betrachtung unberücksichtigt bleiben für $x \neq 0$. Somit muß man verlangen:

x = 0 oder (x−2 ≥ 0 und x−3 > 0) oder (x−2 ≤ 0 und x−3 < 0)

x = 0 oder   (x ≥ 2 und x > 3)   oder   (x ≤ 2 und x < 3)

x = 0 oder   x > 3   oder   x ≤ 2

Folglich: $D_f = \{x \in R \mid x \leq 2 \text{ oder } x > 3\}$.

4.2   **Asymptoten an K_f**

1. Senkrechte Asymptote

Wenn $x \to 3$, $x > 3$, dann $f(x) \to +\infty$, folglich ist $x = 3$ die Gleichung der senkrechten Asymptote.

2. Schiefe Asymptote

Zunächst wird der Funktionsterm umgeformt.

Es gilt: $(x^3 - 2x^2) : (x - 3) = x^2 + x + 3 + \dfrac{9}{x - 3}$.

$$\begin{array}{r} \underline{-(x^3 - 3x^2)} \\ x^2 \\ \underline{-(x^2 - 3x)} \\ 3x \\ \underline{-(3x - 9)} \\ 9 \end{array}$$

LK Mathematik — Lösungen — Klausur Nr. 9

Aufgabe 4 (Fortsetzung)

Ferner: $x^2 + x + 3 + \dfrac{9}{x-3} = x^2 + x + \dfrac{1}{4} - \dfrac{1}{4} + 3 + \dfrac{9}{x-3}$

$$= \left(x + \dfrac{1}{2}\right)^2 + \dfrac{11}{4} + \dfrac{9}{x-3}.$$

Daraus folgt:

$$f(x) = \sqrt{\dfrac{x^3 - 2x^2}{x-3}}$$

$$f(x) = \sqrt{\left(x + \dfrac{1}{2}\right)^2 + \dfrac{11}{4} + \dfrac{9}{x-3}}$$

$$f(x) = \left|x + \dfrac{1}{2}\right| \cdot \sqrt{1 + \dfrac{\dfrac{11}{4} + \dfrac{9}{x-3}}{\left(x + \dfrac{1}{2}\right)^2}}.$$

Für $|x| \to \infty$ strebt der unter der Wurzel verbliebene Term gegen 1. Für betragsmäßig große x verhält sich also f wie a mit $a(x) = \left|x + \dfrac{1}{2}\right|$.

Für $x \to +\infty$ ist $y = x + \dfrac{1}{2}$ die Gleichung der schiefen Asymptote,

für $x \to -\infty$ ist $y = -\left(x + \dfrac{1}{2}\right) = -x - \dfrac{1}{2}$ die Gleichung der schiefen Asymptote.

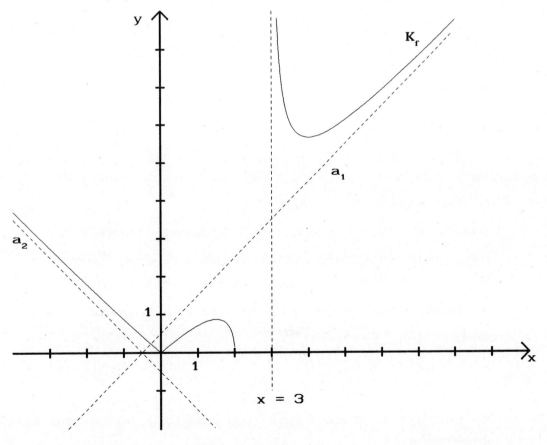

LK Mathematik   Lösungen   Klausur Nr. 10

Aufgabe 1

1.1 $f'(x) = \dfrac{2x}{2\cdot\sqrt{x^2+9}}$

$= \dfrac{x}{\sqrt{x^2+9}}$

1.2 $f'(x) = \dfrac{1\cdot\sqrt{x+1} - (x-1)\cdot\dfrac{1}{2\sqrt{x+1}}}{x+1}$

$= \dfrac{2\cdot(x+1) - (x-1)}{2\cdot(x+1)^{\frac{3}{2}}}$

$= \dfrac{x+3}{2\cdot(x+1)^{\frac{3}{2}}}$

1.3 $f'(x) = \dfrac{1}{2\cdot\sqrt{\dfrac{x}{x^2-4}}} \cdot \dfrac{1\cdot(x^2-4) - x\cdot 2x}{(x^2-4)^2}$

$= -\dfrac{x^2+4}{2\cdot\sqrt{\dfrac{x}{x^2-4}}\cdot(x^2-4)^2}$

1.4 $f'(x) = \dfrac{\cos x}{2\cdot\sqrt{\sin x}}$

Aufgabe 2

Gegeben ist die Funktion f durch $f(x) = x\cdot\sqrt{2x+6}$, $x \in D_f$, mit Schaubild K_f.

2.1   1. Definitionsbereich D_f

Bed.: $2x + 6 \geq 0$ oder $x = 0$. Daraus folgt $x \geq -3$.

Der maximale Definitionsbereich ist demzufolge
$D_f = \{x \in \mathbb{R} \mid x \geq -3\}$.

2. Gemeinsame Punkte von K_f und der x-Achse

Bed.: $f(x) = 0$

$x\cdot\sqrt{2x+6} = 0$

$x_1 = 0, \; x_2 = -3$.

K_f und die x-Achse haben die Punkte $X_1(0|0)$ und $X_2(-3|0)$ gemeinsam.

Aufgabe 2 (Fortsetzung)

3. Ableitungen

Mit der Produkt- und Kettenregel ergibt sich:

$$f'(x) = 1 \cdot \sqrt{2x+6} + x \cdot \frac{2}{2\sqrt{2x+6}}$$

$$f'(x) = \sqrt{2x+6} + \frac{x}{\sqrt{2x+6}}$$

$$f'(x) = \frac{3x+6}{\sqrt{2x+6}}$$

$$f'(x) = 3 \cdot \frac{x+2}{\sqrt{2x+6}} \ .$$

Die Quotientenregel und Kettenregel führen auf:

$$f''(x) = 3 \cdot \frac{1 \cdot \sqrt{2x+6} - (x+2) \cdot \frac{2}{2\sqrt{2x+6}}}{2x+6}$$

$$f''(x) = 3 \cdot \frac{2x+6-(x+2)}{(\sqrt{2x+6})^3}$$

$$f''(x) = 3 \cdot \frac{x+4}{(\sqrt{2x+6})^3} \ .$$

4. Extrempunkte

Bed.: $f'(x) = 0$

$$3 \cdot \frac{x+2}{\sqrt{2x+6}} = 0$$

$$x+2 = 0$$

$$x_1 = -2 \ ,$$

$$f(-2) = -2 \cdot \sqrt{2 \cdot (-2)+6} = -2\sqrt{2}$$

$$f''(-2) = 3 \cdot \frac{-2+4}{(\sqrt{2 \cdot (-2)+6})^3} = \frac{6}{2\sqrt{2}} > 0$$

Die Kurve hat somit den Tiefpunkt $T(-2 | -2\sqrt{2})$.

5. Wendepunkte

Bed.: $f''(x) = 0$

$$3 \cdot \frac{x+4}{\sqrt{2x+6}^3} = 0$$

$$x_2 = -4 \notin D_f \ .$$

Die Kurve hat keinen Wendepunkt.

LK Mathematik   Lösungen   Klausur Nr. 10

Aufgabe 2 (Fortsetzung)

2.2   Schaubild K_f für $x \in [-3;2]$

Für $x \in [-3;2]$ gilt:

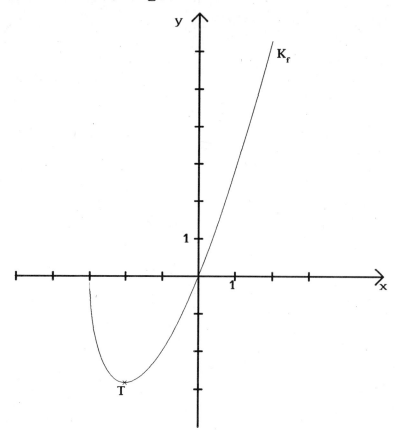

2.3   1. Tangente von $P(0|-2)$ aus an K_f

Der Berührpunkt der Tangente an K_f durch P heiße $B(u|v)$, wobei $v = f(u)$, $-3 \leq u < 0$.

Dann gilt für die Tangentensteigung m_t in B einerseits:

$$m_t = f'(u)$$

(1) $$m_t = 3 \cdot \frac{u + 2}{\sqrt{2u + 6}}\,,$$

andererseits:

$$m_t = \frac{y_B - y_P}{x_B - x_P}$$

$$m_t = \frac{v - (-2)}{u - 0}$$

$$m_t = \frac{v + 2}{u}$$

$$m_t = \frac{1}{u} \cdot (u \cdot \sqrt{2u + 6} + 2)$$

(2) $$m_t = \sqrt{2u + 6} + \frac{2}{u}\,.$$

Aufgabe 2 (Fortsetzung)

Gleichsetzen von (1) und (2):

$$3 \cdot \frac{u + 2}{\sqrt{2u + 6}} = \sqrt{2u + 6} + \frac{2}{u}) \qquad | \cdot \sqrt{2u + 6}$$

$$3 \cdot (u + 2) = 2u + 6 + 2 \cdot \frac{\sqrt{2u + 6}}{u} \qquad | - 2u - 6$$

$$u = 2 \cdot \frac{\sqrt{2u + 6}}{u} \qquad | \cdot u,\ u \neq 0$$

$$u^2 = 2 \cdot \sqrt{2u + 6} \qquad |^2$$

$$u^4 = 4 \cdot (2u + 6)$$

$$u^4 = 8u + 24 \ .$$

$$u^4 - 8u - 24 = 0 \ .$$

Dies war zu zeigen.

2. Lösung der Gleichung mit dem Newtonverfahren

Die Funktion h wird erklärt durch $h(x) = x^4 - 8x - 24$ mit $x \in [-3; 0[$.

Sie ist auf dem angegebenen Intervall stetig und differenzierbar und es gilt: $h'(x) = 4x^3 - 8$.

Wegen
$$h(-2) = (-2)^4 - 8 \cdot (-2) - 24 = 8 > 0$$
und
$$h(-1) = (-1)^4 - 8 \cdot (-1) - 24 = -15 < 0$$

existiert nach dem Nullstellensatz im Intervall $]-2; -1[$ wenigstens eine Nullstelle von h. Nach Aufgabenstellung ist dies sogar die einzige Nullstelle in diesem Intervall.

Die Iterationsvorschrift lautet:

$$x_{n+1} = x_n - \frac{h(x_n)}{h'(x_n)}$$

speziell also:

$$x_{n+1} = x_n - \frac{x_n^4 - 8x_n - 24}{4x_n^3 - 8} \ .$$

Mit dem Startwert $x_0 = -2$ erhält man:

$x_1 = -1{,}800000000\ldots$
$x_2 = -1{,}771348315\ldots$
$x_3 = -1{,}770826015\ldots$
$x_4 = -1{,}770825845\ldots$

Die Berührpunktsabszisse ist demnach auf zwei Nachkommastellen gerundet $u = -1{,}77$.

LK Mathematik Lösungen Klausur Nr. 10

Aufgabe 2 (Fortsetzung)

2.4 Fläche zwischen Kurve und x-Achse

Die gesuchte Fläche liegt vollständig unterhalb der x-Achse. Daher gilt für den Inhalt:

$$A = - \int_{-3}^{0} f(x)\, dx$$

$$A = - \int_{-3}^{0} x \cdot \sqrt{2x + 6}\, dx \; .$$

Das Integral $I = \int_{a}^{b} x \cdot \sqrt{2x + 6}\, dx$ wird mit Produktintegration bestimmt. Mit $u(x) = x$, $u'(x) = 1$, $v'(x) = (2x + 6)^{\frac{1}{2}}$, $v(x) = \frac{1}{3} \cdot (2x + 6)^{\frac{3}{2}}$ folgt:

$$I = \left[x \cdot \frac{1}{3} \cdot (2x + 6)^{\frac{3}{2}} \right]_{a}^{b} - \int_{a}^{b} 1 \cdot \frac{1}{3} \cdot (2x + 6)^{\frac{3}{2}}\, dx$$

$$I = \left[\frac{1}{3} \cdot x \cdot (2x + 6)^{\frac{3}{2}} \right]_{a}^{b} - \frac{1}{3} \cdot \left[\frac{1}{5} \cdot (2x + 6)^{\frac{5}{2}} \right]_{a}^{b}$$

$$I = \left[\frac{1}{3} \cdot x \cdot (2x + 6)^{\frac{3}{2}} - \frac{1}{15} \cdot (2x + 6)^{\frac{5}{2}} \right]_{a}^{b}$$

$$I = \left[\frac{1}{3} \cdot (2x + 6)^{\frac{3}{2}} \cdot (x - \frac{1}{5} \cdot (2x + 6)) \right]_{a}^{b}$$

$$I = \left[\frac{1}{3} \cdot (2x + 6)^{\frac{3}{2}} \cdot (\frac{3}{5}x - \frac{6}{5}) \right]_{a}^{b}$$

$$I = \frac{1}{5} \cdot \left[(2x + 6)^{\frac{3}{2}} \cdot (x - 2) \right]_{a}^{b} \; .$$

Damit ergibt sich:

$$A = - \frac{1}{5} \cdot \left[(2x + 6)^{\frac{3}{2}} \cdot (x - 2) \right]_{-3}^{0}$$

$$A = - \frac{1}{5} \cdot (6^{\frac{3}{2}} \cdot (-2) - 0)$$

$$A = - \frac{1}{5} \cdot (-12\sqrt{6})$$

$$A = \frac{12}{5}\sqrt{6} \; .$$

Die gesuchte Fläche hat etwa den Inhalt 5,88 Flächeneinheiten.

LK Mathematik　　　　　Lösungen　　　　　Klausur Nr. 10

Aufgabe 2 (Fortsetzung)

2.5　1. Geometrische Bedeutung des Integrals

Das Integral $I(z) = \int_{-3}^{z} f(x)\,dx$ gibt den orientierten Flächeninhalt zwischen der Kurve K_f, der x-Achse und den Geraden mit den Gleichungen $x = -3$ und $x = z$, $z \geq -3$ an.

2. Lösungen der Gleichung $I(z) = 0$

Mit Teilaufgabe 2.4 weiß man:

$$I(z) = \frac{1}{5} \cdot \left[(2x+6)^{\frac{3}{2}} \cdot (x-2)\right]_{-3}^{z}$$

Folglich:

$$0 = \frac{1}{5} \cdot ((2z+6)^{\frac{3}{2}} \cdot (z-2) - 0)$$

$$0 = (2z+6)^{\frac{3}{2}} \cdot (z-2)$$

$$z_1 = -3\,, \quad z_2 = 2\,.$$

Die Lösungen der Gleichung $I(z) = 0$ sind $z_1 = -3$ und $z_2 = 2$.

2.6　Drehkörpervolumen

Für das gesuchte Volumen gilt:

$$V = \pi \cdot \int_{-3}^{0} [f(x)]^2\,dx$$

$$V = \pi \cdot \int_{-3}^{0} (x \cdot \sqrt{2x+6})^2\,dx$$

$$V = \pi \cdot \int_{-3}^{0} (x^2 \cdot (2x+6))\,dx$$

$$V = \pi \cdot \int_{-3}^{0} (2x^3 + 6x^2)\,dx$$

$$V = \pi \cdot \left[\frac{1}{2}x^4 + 2x^3\right]_{-3}^{0}$$

$$V = \pi \cdot (0 - (\frac{1}{2} \cdot (-3)^4 + 2 \cdot (-3)^3))$$

$$V = \pi \cdot (-\frac{81}{2} + 54)$$

$$V = \frac{27}{2} \cdot \pi\,.$$

Das Drehkörpervolumen beträgt etwa 42,4 Volumeneinheiten.

LK Mathematik — Lösungen — Klausur Nr. 10

Aufgabe 2 (Fortsetzung)

2.7 Existenz zweier Ebenen

Da die beiden Ebenen orthogonal zur x-Achse sein sollen und ihr Abstand 1 Längeneinheit ist, müssen deren Gleichungen $x = w$ und $x = w + 1$ sein. Damit die beiden Ebenen mit dem Drehkörper der vorherigen Teilaufgabe gemeinsame Punkte haben, muß $w \geq -3$ und $w + 1 \leq 0$ gelten.
Zu prüfen ist daher, ob es $w \in \mathbb{R}$, $-3 \leq w \leq -1$ gibt, für die gilt:

$$\pi \cdot \int_{w}^{w+1} [f(x)]^2 \, dx = \frac{5}{2} \cdot \pi .$$

Aus der vorherigen Teilaufgabe ist die Stammfunktion bekannt. Demnach ist diese Forderung gleichwertig zu:

$$\pi \cdot \left[\frac{1}{2} x^4 + 2x^3 \right]_{w}^{w+1} = \frac{5}{2} \cdot \pi$$

$$\frac{1}{2}(w+1)^4 + 2(w+1)^3 - \frac{1}{2} w^4 - 2w^3 = \frac{5}{2}$$

$$(w+1)^4 + 4(w+1)^3 - w^4 - 4w^3 = 5$$

$$w^4 + 4w^3 + 6w^2 + 4w + 1 + 4w^3 + 12w^2 + 12w + 4 - w^4 - 4w^3 = 5$$

$$4w^3 + 18w^2 + 16w = 0$$

$$2w^3 + 9w^2 + 8w = 0$$

$$w \cdot (2w^2 + 9w + 8) = 0$$

$$w_1 = 0 \text{ oder } 2w^2 + 9w + 8 = 0$$

$$w_{2;3} = \frac{-9 \pm \sqrt{9^2 - 4 \cdot 2 \cdot 8}}{2 \cdot 2}$$

$$= \frac{-9 \pm \sqrt{17}}{4}$$

$$w_2 = \frac{-9 + \sqrt{17}}{4} \quad (\approx -1{,}22)$$

$$w_3 = \frac{-9 - \sqrt{17}}{4} \quad (\approx -3{,}28).$$

Lediglich die Lösung w_2 liegt im angegebenen Intervall $[-3; -1]$.
Es gibt also zwei derartige Ebenen. Ihre Gleichungen lauten
$x = \frac{-9 + \sqrt{17}}{4}$ und $x = \frac{-5 + \sqrt{17}}{4}$.

2.8 **1. Stetigkeit der Funktion h**

Die Teilfunktionen f und k sind auf den angegebenen Intervallen stetig. Daher muß nur noch die Stetigkeit an der Stelle $x_0 = 1$ erzwungen werden.

LK Mathematik — Lösungen — Klausur Nr. 10

Aufgabe 2 (Fortsetzung)

Es gilt:

$$\lim_{\substack{x \to 1 \\ x < 1}} h(x) = \lim_{\substack{x \to 1 \\ x < 1}} f(x) = \lim_{\substack{x \to 1 \\ x < 1}} x \cdot \sqrt{2x+6} = 2\sqrt{2}$$

$$\lim_{\substack{x \to 1 \\ x > 1}} h(x) = \lim_{\substack{x \to 1 \\ x > 1}} k(x) = \lim_{\substack{x \to 1 \\ x > 1}} \sqrt{ax+b} = \sqrt{a+b}$$

$$h(1) = \sqrt{a+b} \ .$$

Wenn h stetig sein soll bei $x_0 = 1$, so führt dies zur Bedingung:

(1) $\qquad \sqrt{a+b} = 2\sqrt{2}$.

2. Differenzierbarkeit der Funktion h

Die Teilfunktionen sind an den inneren Stellen der angegebenen Intervalle differenzierbar. Daher muß nur noch die Differenzierbarkeit an der Stelle $x_0 = 1$ erreicht werden. Es gilt:

$$h'(x) = \begin{cases} f'(x) & \text{für } -3 < x < 1 \\ k'(x) & \text{für } 1 < x < 5 \end{cases}$$

$$h'(x) = \begin{cases} 3 \cdot \dfrac{x+2}{\sqrt{2x+6}} & \text{für } -3 < x < 1 \\ \dfrac{a}{2\sqrt{ax+b}} & \text{für } 1 < x < 5 \ . \end{cases}$$

Folglich:

$$\lim_{\substack{x \to 1 \\ x < 1}} h'(x) = \lim_{\substack{x \to 1 \\ x < 1}} 3 \cdot \frac{x+2}{\sqrt{2x+6}} = \frac{9}{2\sqrt{2}} \ ,$$

$$\lim_{\substack{x \to 1 \\ x > 1}} h'(x) = \lim_{\substack{x \to 1 \\ x > 1}} \frac{a}{2\sqrt{ax+b}} = \frac{a}{2\sqrt{a+b}} \ .$$

Die Funktion h kann höchstens differenzierbar sein bei $x_0 = 1$, wenn beide Grenzwerte übereinstimmen. Dies führt zur Bedingung:

(2) $\qquad \dfrac{9}{2\sqrt{2}} = \dfrac{a}{2\sqrt{a+b}}$.

3. Berechnung von a und b

Einsetzen von (1) in (2):

$$\frac{9}{2\sqrt{2}} = \frac{a}{2 \cdot 2\sqrt{2}}$$

$$9 = \frac{a}{2}$$

LK Mathematik Lösungen Klausur Nr. 10

Aufgabe 2 (Fortsetzung)

$$a = 18 \ .$$

Einsetzen in (1):

$$\sqrt{18 + b} = 2\sqrt{2} = \sqrt{8}$$
$$18 + b = 8$$
$$b = -10 \ .$$

Falls $a = 18$ und $b = -10$ gewählt wird, so ist die Funktion h stetig und differenzierbar.

LK Mathematik　　　　　　Lösungen　　　　　　Klausur Nr. 11

Aufgabe 1

1.1 $f'(x) = 2x \cdot \cos^3 x + x^2 \cdot 3\cos^2 x \cdot (-\sin x)$
$= x \cdot \cos^2 x \cdot (2 \cdot \cos x - 3x \cdot \sin x)$

1.2 $f'(x) = 3 \cdot (2x - 3 \cdot \sin 4x)^2 \cdot (2 - 3\cos 4x \cdot 4)$
$= 6 \cdot (2x - 3 \cdot \sin 4x)^2 \cdot (1 - 6 \cdot \cos 4x)$

1.3 $f'(x) = \dfrac{1 \cdot \sin x - x \cdot \cos x}{\sin^2 x}$
$= \dfrac{\sin x - x \cdot \cos x}{\sin^2 x}$

Aufgabe 2

2.1 Es sei $I = \displaystyle\int_a^b \sin^4 x\, dx$.

Produktintegration mit $u(x) = \sin^3 x$, $u'(x) = 3 \cdot \sin^2 x \cdot \cos x$,
$v'(x) = \sin x$, $v(x) = -\cos x$ liefert:

$$I = \left[-\sin^3 x \cdot \cos x\right]_a^b + \int_a^b 3 \cdot \sin^2 x \cdot \cos^2 x\, dx$$

$$I = \left[-\sin^3 x \cdot \cos x\right]_a^b + 3 \cdot \int_a^b \sin^2 x \cdot (1 - \sin^2 x)\, dx$$

$$I = \left[-\sin^3 x \cdot \cos x\right]_a^b + 3 \cdot \int_a^b \sin^2 x\, dx - 3 \cdot I$$

(∗)　　$4 \cdot I = \left[-\sin^3 x \cdot \cos x\right]_a^b + 3 \cdot I_1$,

wobei $I_1 = \displaystyle\int_a^b \sin^2 x\, dx$.

Die Berechnung von I_1 erfolgt mit der Produktregel und
$u(x) = \sin x$, $u'(x) = \cos x$, $v'(x) = \sin x$, $v(x) = -\cos x$.

$$I_1 = \left[-\sin x \cdot \cos x\right]_a^b + \int_a^b \cos^2 x\, dx$$

$$I_1 = \left[-\sin x \cdot \cos x\right]_a^b + \int_a^b (1 - \sin^2 x)\, dx$$

$$I_1 = \left[-\sin x \cdot \cos x\right]_a^b + \left[x\right]_a^b - I_1$$

LK Mathematik　　　　　Lösungen　　　　　Klausur Nr. 11

Aufgabe 2　　(Fortsetzung)

$$2 \cdot I_1 = \left[x - \sin x \cdot \cos x\right]_a^b$$

$$I_1 = \frac{1}{2} \cdot \left[x - \sin x \cdot \cos x\right]_a^b$$

Einsetzen in (*) und Division durch 4 ergibt:

$$I = \left[-\frac{1}{4} \cdot \sin^3 x \cdot \cos x + \frac{3}{8} x - \frac{3}{8} \cdot \sin x \cdot \cos x\right]_a^b$$

$$I = \frac{1}{4} \cdot \left[\frac{3}{2} x - \sin^3 x \cdot \cos x - \frac{3}{2} \cdot \sin x \cdot \cos x\right]_a^b$$

2.2　　Es sei $I = \int_a^b \frac{\sin x}{\cos^2 x}\, dx$.

Substitution:　　$u(x) = \cos x$.

Damit erhält man:　　$\frac{du}{dx} = -\sin x$

$$dx = -\frac{du}{\sin x}.$$

Folglich:

$$I = \int_{u(a)}^{u(b)} -\frac{\sin x}{\cos^2 x \cdot \sin x}\, du$$

$$I = -\int_{u(a)}^{u(b)} \frac{1}{u^2}\, du$$

$$I = \left[\frac{1}{u}\right]_{u(a)}^{u(b)}$$

Resubstitution führt zu

$$I = \left[\frac{1}{\cos x}\right]_a^b.$$

Aufgabe 3

Um die angegebene Formel zu beweisen, muß man von $\cos^n x$ im Nenner des Integranden auf $\cos^{n-2} x$ kommen. Dies ist möglich, wenn man den Zähler 1 als $\sin^2 x + \cos^2 x$ schreibt.

$$\int_0^{\frac{\pi}{4}} \frac{1}{\cos^n x}\, dx = \int_0^{\frac{\pi}{4}} \frac{\sin^2 x + \cos^2 x}{\cos^n x}\, dx$$

LK Mathematik   Lösungen   Klausur Nr. 11

Aufgabe 3   (Fortsetzung)

$$\int_0^{\pi/4} \frac{1}{\cos^n x}\, dx = \int_0^{\pi/4} \frac{\sin^2 x}{\cos^n x}\, dx + \int_0^{\pi/4} \frac{1}{\cos^{n-2} x}\, dx$$

(∗) $$\int_0^{\pi/4} \frac{1}{\cos^n x}\, dx = I + \int_0^{\pi/4} \frac{1}{\cos^{n-2} x}\, dx \;.$$

Die Berechnung von I erfolgt mit Produktintegration, wobei
$u(x) = \sin x$, $u'(x) = \cos x$, $v'(x) = \dfrac{\sin x}{\cos^n x}$, $v(x) = \dfrac{1}{\cos^{n-1} x} \cdot \dfrac{1}{n-1}$

$$I = \frac{1}{n-1} \cdot \left[\sin x \cdot \frac{1}{\cos^{n-1} x}\right]_0^{\pi/4} - \frac{1}{n-1} \cdot \int_0^{\pi/4} \frac{\cos x}{\cos^{n-1} x}\, dx$$

$$I = \frac{1}{n-1} \cdot \left[\sin\frac{\pi}{4} \cdot \frac{1}{\cos^{n-1}\frac{\pi}{4}}\right] - \frac{1}{n-1} \cdot \int_0^{\pi/4} \frac{1}{\cos^{n-2} x}\, dx$$

$$I = \frac{1}{n-1} \cdot \left(\tfrac{1}{2}\sqrt{2}\right)^{-n+2} - \frac{1}{n-1} \cdot \int_0^{\pi/4} \frac{1}{\cos^{n-2} x}\, dx$$

$$I = \frac{1}{n-1} \cdot \left(\sqrt{2}\right)^{n-2} - \frac{1}{n-1} \cdot \int_0^{\pi/4} \frac{1}{\cos^{n-2} x}\, dx$$

Einsetzen in (∗):

$$\int_0^{\pi/4} \frac{1}{\cos^n x}\, dx = \frac{1}{n-1} \cdot \left(\sqrt{2}\right)^{n-2} + \left(-\frac{1}{n-1} + 1\right) \cdot \int_0^{\pi/4} \frac{1}{\cos^{n-2} x}\, dx$$

$$\int_0^{\pi/4} \frac{1}{\cos^n x}\, dx = \frac{1}{n-1} \cdot \left(\sqrt{2}\right)^{n-2} + \frac{n-2}{n-1} \cdot \int_0^{\pi/4} \frac{1}{\cos^{n-2} x}\, dx$$

$$(n-1) \cdot \int_0^{\pi/4} \frac{1}{\cos^n x}\, dx = 2^{\frac{n}{2}-1} + (n-2) \cdot \int_0^{\pi/4} \frac{1}{\cos^{n-2} x}\, dx$$

q.e.d.

LK Mathematik   Lösungen   Klausur Nr. 11

Aufgabe 4

Gegeben ist f durch $f(x) = -\frac{x}{2} + \cos x$, $x \in [-\pi; \pi]$.

4.1   Bestimmung des Schnittpunkts von K mit der x-Achse

Die Funktion f ist als Summe stetiger Funktionen auf dem Intervall $[-\pi;\pi]$ stetig, insbesondere also auch in $[\frac{\pi}{4};\frac{\pi}{3}]$, und außerdem gilt:

$$f(\tfrac{\pi}{4}) = -\tfrac{\pi}{8} + \cos\tfrac{\pi}{4} = -\tfrac{\pi}{8} + \tfrac{1}{2}\sqrt{2} > 0,$$

$$f(\tfrac{\pi}{3}) = -\tfrac{\pi}{6} + \cos\tfrac{\pi}{3} = -\tfrac{\pi}{6} + \tfrac{1}{2} < 0.$$

Damit sind die Voraussetzungen des Nullstellensatzes erfüllt. Es gibt also im Intervall $[\frac{\pi}{4};\frac{\pi}{3}]$ wenigstens eine Nullstelle.

Mit $f(x) = -\frac{x}{2} + \cos x$, $f'(x) = -\frac{1}{2} - \sin x$ und dem Startwert $x_0 = 1$ läßt sich das Newtonverfahren durchführen.
Es gilt die Iterationsvorschrift

$$x_{n+1} = x_n - \frac{f(x_n)}{f'(x_n)},$$

hier also

$$x_{n+1} = x_n - \frac{-\frac{x_n}{2} + \cos x_n}{-\frac{1}{2} - \sin x_n}$$

$$x_{n+1} = x_n + \frac{-x_n + 2\cos x_n}{1 + 2\sin x_n}.$$

Daher ergibt sich:

$$x_1 = 1{,}03004336\ldots$$
$$x_2 = 1{,}02986653\ldots$$
$$x_3 = 1{,}02986652\ldots$$

Auf drei Nachkommastellen gerundet erhält man den Schnittpunkt $X(1{,}030|0)$.

4.1   1. Ableitungen

$$f'(x) = -\tfrac{1}{2} - \sin x,$$
$$f''(x) = -\cos x,$$
$$f'''(x) = \sin x,$$

wobei jeweils $x \in \,]-\pi;\pi[$.

LK Mathematik Lösungen Klausur Nr. 11

Aufgabe 4 (Fortsetzung)

2. Extrempunkte

Bed.: $f'(x) = 0$

$$-\frac{1}{2} - \sin x = 0$$
$$\sin x = -\frac{1}{2}$$
$$x_1 = -\frac{1}{6}\pi, \qquad x_2 = -\frac{5}{6}\pi,$$
$$f(-\frac{1}{6}\pi) = \frac{1}{12}\pi + \frac{1}{2}\sqrt{3},$$
$$f(-\frac{5}{6}\pi) = \frac{5}{12}\pi - \frac{1}{2}\sqrt{3},$$
$$f''(-\frac{1}{6}\pi) = -\cos(-\frac{1}{6}\pi) < 0$$
$$f''(-\frac{5}{6}\pi) = \cos(-\frac{5}{6}\pi) > 0.$$

Folglich besitzt K den Hochpunkt $H(-\frac{1}{6}\pi | \frac{1}{12}\pi + \frac{1}{2}\sqrt{3})$ und den Tiefpunkt $T(-\frac{5}{6}\pi | \frac{5}{12}\pi - \frac{1}{2}\sqrt{3})$.

Die Kurvenpunkte an den Intervallrändern von $[-\pi;\pi]$ sind $A(-\pi | \frac{\pi}{2} - 1)$ und $B(\pi | -\frac{\pi}{2} - 1)$. Da $y_T < y_A < y_H$ und $y_B < y_T$, ist B der absolut tiefste Punkt auf $[-\pi;\pi]$ und H der absolut höchste Punkt.

3. Wendepunkte

Bed.: $f''(x) = 0$

$$-\cos x = 0$$
$$\cos x = 0$$
$$x_1 = \frac{\pi}{2}, \qquad x_2 = -\frac{\pi}{2},$$
$$f(\frac{\pi}{2}) = -\frac{\pi}{4},$$
$$f(-\frac{\pi}{2}) = \frac{\pi}{4},$$
$$f'''(\frac{\pi}{2}) = \sin\frac{\pi}{2} > 0,$$
$$f'''(-\frac{\pi}{2}) = \sin(-\frac{\pi}{2}) < 0.$$

Demnach existieren auf K die Wendepunkte $W_1(\frac{\pi}{2} | -\frac{\pi}{4})$ und $W_2(-\frac{\pi}{2} | \frac{\pi}{4})$.

Aufgabe 4 (Fortsetzung)

4.3   Schaubild

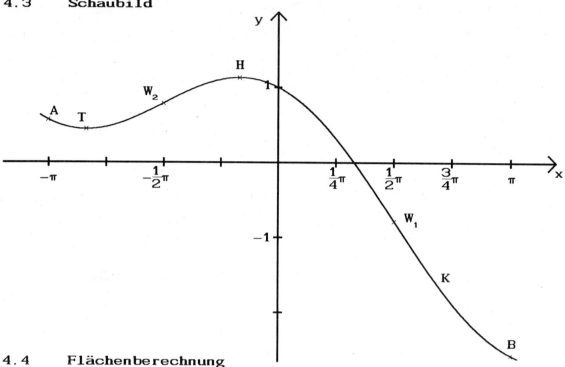

4.4   Flächenberechnung

Die gesuchte Fläche liegt vollständig oberhalb der x-Achse. Für die Maßzahl A der Fläche gilt daher:

$$A = \int_{-\pi}^{0} f(x)\, dx$$

$$A = \int_{-\pi}^{0} \left(-\frac{x}{2} + \cos x\right) dx$$

$$A = \left[-\frac{1}{4}x^2 + \sin x\right]_{-\pi}^{0}$$

$$A = (0 + \sin 0) - \left(-\frac{1}{4}(-\pi)^2 + \sin(-\pi)\right)$$

$$A = \frac{1}{4}\cdot \pi^2 \;.$$

Der gesuchte Flächeninhalt beträgt etwa 2,47 Flächeneinheiten.

4.5   1. Gleichung der Tangente t an K im Wendepunkt W_2

$$t(x) = f'\left(-\frac{\pi}{2}\right)\cdot\left(x - \left(-\frac{\pi}{2}\right)\right) + \frac{\pi}{4}$$

$$t(x) = \left(-\frac{1}{2} - \sin\left(-\frac{\pi}{2}\right)\right)\cdot\left(x + \frac{\pi}{2}\right) + \frac{\pi}{4}$$

$$t(x) = \frac{1}{2}\cdot\left(x + \frac{\pi}{2}\right) + \frac{\pi}{4}$$

$$t(x) = \frac{1}{2}x + \frac{\pi}{2}\,,\; x \in \mathbb{R}$$

LK Mathematik   Lösungen   Klausur Nr. 11

Aufgabe 4 (Fortsetzung)

2. Gleichung der Normalen in W_2

$$n(x) = -\frac{1}{f'(-\frac{\pi}{2})} \cdot (x - (-\frac{\pi}{2})) + \frac{\pi}{4}$$

$$n(x) = -2 \cdot (x + \frac{\pi}{2}) + \frac{\pi}{4}$$

$$n(x) = -2x - \frac{3}{4}\pi, \quad x \in \mathbb{R}$$

3. Länge der auf der y-Achse ausgeschnittenen Strecke

Die Tangente t schneidet die y-Achse in $Y_1(0|\frac{\pi}{2})$,

die Normale n schneidet die y-Achse in $Y_2(0|-\frac{3}{4}\pi)$,

damit ergibt sich die Gesamtlänge s der gesuchten Strecke:

$$s = |y_1 - y_2|$$
$$s = |\frac{\pi}{2} - (-\frac{3}{4}\pi)|$$
$$s = \frac{5}{4}\pi .$$

Die Strecke ist etwa 3,93 Längeneinheiten lang.

Aufgabe 5

Ausgehend von $f(x) = \sin x$, $f'(x) = \cos x$, soll die Ableitung von $g(x) = \cos x$ bestimmt werden.

Bekanntlich gilt: $\cos x = \sin(\frac{\pi}{2} - x)$ für alle $x \in \mathbb{R}$.
Anwendung der Kettenregel führt zu:

$$g'(x) = \cos(\frac{\pi}{2} - x) \cdot (-1)$$
$$g'(x) = -\cos(\frac{\pi}{2} - x) .$$

Wegen $\sin x = \cos(\frac{\pi}{2} - x)$ für alle $x \in \mathbb{R}$ erhält man dann die gewünschte Ableitung von g zu $g'(x) = -\sin x$, $x \in \mathbb{R}$.

LK Mathematik   Lösungen   Klausur Nr. 12

Aufgabe 1

Gegeben sind die Funktionen f_t und g_t durch $f_t(x) = \sqrt{2} - \frac{2}{t}\cdot \sin x$, $g_t(x) = t\cdot \sin x$, $t \in \mathbb{R}^+$, $x \in [0; 2\pi]$.

1.1 Anzahl der gemeinsamen Punkte von K_f und x-Achse

Damit K_f mit der x-Achse gemeinsame Punkte besitzt, muß die Gleichung $f_t(x) = 0$ Lösungen besitzen.

$$\sqrt{2} - \frac{2}{t}\cdot \sin x = 0$$
$$\sqrt{2} = \frac{2}{t}\cdot \sin x$$
$$\sin x = \frac{\sqrt{2}}{2}\cdot t$$

Da $-1 \leq \sin x \leq 1$, ergibt sich für t die Bedingung

$$-1 \leq \frac{\sqrt{2}}{2}\cdot t \leq 1 \qquad |\cdot \sqrt{2}$$
$$-\sqrt{2} \leq t \leq \sqrt{2} \ .$$

Wegen $t \in \mathbb{R}^+$ folgt

$$0 < t \leq \sqrt{2} \ .$$

Im betrachteten Intervall erhält man somit für $t = \sqrt{2}$ die Gleichung $\sin x = 1$ mit der einzigen Lösung $x = \frac{\pi}{2}$.
Für $0 < t < \sqrt{2}$, daher $0 < \sin x < 1$, besitzt die Gleichung $\sin x = \frac{\sqrt{2}}{2}\cdot t$ genau zwei Lösungen im Intervall $[0; 2\pi]$.

1.2 1. Ableitungen von f_t

$$f_t'(x) = -\frac{2}{t}\cdot \cos x, \qquad x \in \ ]0; 2\pi[$$
$$f_t''(x) = \frac{2}{t}\cdot \sin x$$
$$f_t'''(x) = \frac{2}{t}\cdot \cos x$$

Die Definitionsbereiche aller Ableitungen können jedoch auf $[0; 2\pi]$ ausgedehnt werden.

2. Extrempunkte von K_f

Bed.: $f_t'(x) = 0$
$$-\frac{2}{t}\cos x = 0$$
$$\cos x = 0$$

$x_1 = \frac{\pi}{2}$, $\qquad\qquad x_2 = \frac{3}{2}\pi$

$f_t(\frac{\pi}{2}) = \sqrt{2} - \frac{2}{t}\cdot \sin\frac{\pi}{2}$ $\qquad f_t(\frac{3}{2}\pi) = \sqrt{2} - \frac{2}{t}\cdot \sin\frac{3}{2}\pi$

$\qquad = \sqrt{2} - \frac{2}{t}$ $\qquad\qquad\qquad = \sqrt{2} + \frac{2}{t}$

$f_t''(\frac{\pi}{2}) = \frac{2}{t}\cdot 1 > 0$, $\qquad f_t''(\frac{3}{2}\pi) = \frac{2}{t}\cdot (-1) < 0$,

da $t \in \mathbb{R}^+$.

Aufgabe 1 (Fortsetzung)

Folglich besitzt K_f einen Tiefpunkt $T_t(\frac{\pi}{2}|\sqrt{2}-\frac{2}{t})$ und einen Hochpunkt $H_t(\frac{3}{2}\pi|\sqrt{2}+\frac{2}{t})$.

3. Wendepunkte

Bed.: $f_t''(x) = 0$

$\frac{2}{t} \cdot \sin x = 0$

$\sin x = 0$

$x_3 = 0$, $\qquad x_4 = \pi$, $\qquad x_5 = 2\pi$,

$f_t(0) = \sqrt{2}$, $\qquad f_t(\pi) = \sqrt{2}$, $\qquad f_t(2\pi) = \sqrt{2}$,

$f_t'''(0) = \frac{2}{t} \cdot 1 \neq 0$,

$f_t'''(\pi) = \frac{2}{t} \cdot (-1) \neq 0$,

$f_t'''(2\pi) = \frac{2}{t} \cdot 1 \neq 0$.

Demzufolge besitzt K_f die Wendepunkte $W_1(0|\sqrt{2})$, $W_2(\pi|\sqrt{2})$ und $W_3(2\pi|\sqrt{2})$.

1.3 1. Schaubilder von $f_{\sqrt{2}}$ und $g_{\sqrt{2}}$

$f_{\sqrt{2}}(x) = \sqrt{2} - \sqrt{2} \cdot \sin x$, $\quad g_{\sqrt{2}}(x) = \sqrt{2} \cdot \sin x$, $\quad x \in [0; 2\pi]$

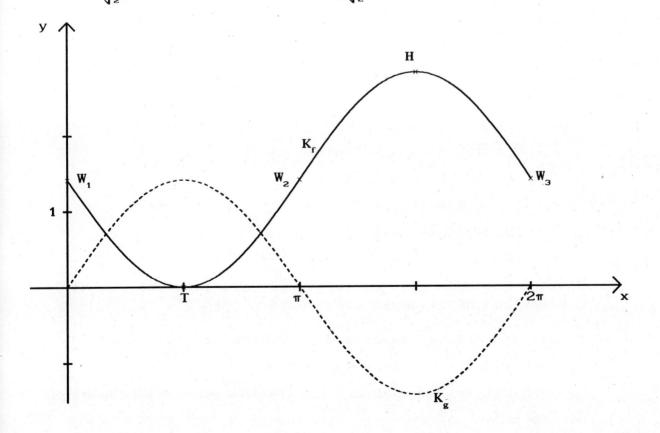

| LK Mathematik | Lösungen | Klausur Nr. 12 |

Aufgabe 1   (Fortsetzung)

2. K_g entsteht aus K_f durch eine Achsenspiegelung

Beh.: Die Spiegelachse hat die Gleichung $a(x) = \frac{1}{2}\sqrt{2}$.

Bew.: Für alle $x \in [0; 2\pi]$ gilt:

$$\tfrac{1}{2}(f_{\sqrt{2}}(x) + g_{\sqrt{2}}(x)) = \tfrac{1}{2}(\sqrt{2} - \sqrt{2} \cdot \sin x + \sqrt{2} \cdot \sin x) = \tfrac{1}{2}\sqrt{2}.$$

Der Mittelpunkt von $P(x|f_{\sqrt{2}}(x))$ und $P'(x|g_{\sqrt{2}}(x))$ liegt also für alle zugelassenen x-Werte auf der Geraden mit der Gleichung $a(x) = \frac{1}{2}\sqrt{2}$. Da (PP') orthogonal zu dieser Geraden verläuft, ist diese Gerade also Spiegelachse.

1.4   1. Kurvenschnittpunkt auf der Geraden mit Gleichung $x = \frac{\pi}{6}$

Bed.:
$$f_t(\tfrac{\pi}{6}) = g_t(\tfrac{\pi}{6})$$
$$\sqrt{2} - \tfrac{2}{t} \cdot \sin\tfrac{\pi}{6} = t \cdot \sin\tfrac{\pi}{6}$$
$$\sqrt{2} - \tfrac{2}{t} \cdot \tfrac{1}{2} = t \cdot \tfrac{1}{2}$$
$$\sqrt{2} - \tfrac{1}{t} = \tfrac{t}{2} \qquad |\cdot 2t$$
$$2\sqrt{2}\, t - 2 = t^2$$
$$t^2 - 2\sqrt{2}\, t + 2 = 0$$
$$(t - \sqrt{2})^2 = 0$$
$$t = \sqrt{2}.$$

Für $t = \sqrt{2}$ schneiden sich die beiden Kurven auf der Geraden mit der Gleichung $x = \frac{\pi}{6}$.

2. Schnittpunkte beider Kurven für $t = \sqrt{2}$

Bed.:
$$f_{\sqrt{2}}(x) = g_{\sqrt{2}}(x)$$
$$\sqrt{2} - \sqrt{2} \cdot \sin x = \sqrt{2} \cdot \sin x \qquad |:\sqrt{2}$$
$$1 - \sin x = \sin x$$
$$2 \cdot \sin x = 1$$
$$\sin x = \tfrac{1}{2}$$
$$x_1 = \tfrac{\pi}{6}, \quad x_2 = \tfrac{5}{6}\pi.$$

Weitere Lösungen gibt es im angegebenen Intervall nicht.
Die Kurvenschnittpunkte sind somit $S_1(\tfrac{\pi}{6} | \tfrac{1}{2}\sqrt{2})$, $S_2(\tfrac{5}{6}\pi | \tfrac{1}{2}\sqrt{2})$.

1.5   Inhalt der Fläche zwischen den gezeichneten Kurven

1. Schnittstellen beider Kurven

Die Schnittstellen sind aus der Teilaufgabe 1.4 bekannt:
$x_1 = \tfrac{\pi}{6}, \quad x_2 = \tfrac{5}{6}\pi$.

LK Mathematik — Lösungen — Klausur Nr. 12

Aufgabe 1 (Fortsetzung)

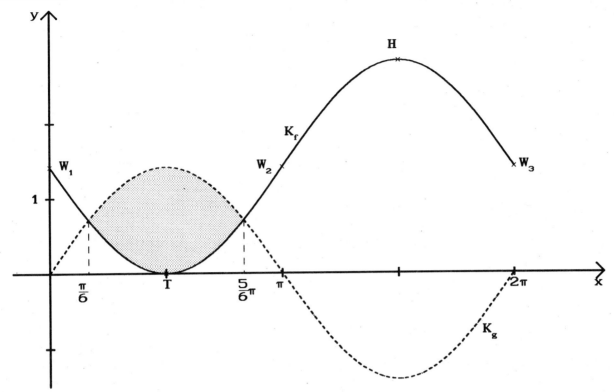

2. Flächeninhalt

Für die Flächeninhaltsmaßzahl A gilt:

$$A = \int_{\frac{1}{6}\pi}^{\frac{5}{6}\pi} (g_{\sqrt{2}}(x) - f_{\sqrt{2}}(x))\, dx$$

$$A = \int_{\frac{1}{6}\pi}^{\frac{5}{6}\pi} (\sqrt{2}\cdot \sin x - (\sqrt{2} - \sqrt{2}\cdot \sin x))\, dx$$

$$A = \sqrt{2} \cdot \int_{\frac{1}{6}\pi}^{\frac{5}{6}\pi} (2\cdot \sin x - 1)\, dx$$

$$A = \sqrt{2} \cdot \left[-2\cos x - x\right]_{\frac{1}{6}\pi}^{\frac{5}{6}\pi}$$

$$A = \sqrt{2} \cdot \left[\left(-2\cos\tfrac{5}{6}\pi - \tfrac{5}{6}\pi\right) - \left(-2\cos\tfrac{\pi}{6} - \tfrac{\pi}{6}\right)\right]$$

$$A = \sqrt{2} \cdot \left(\sqrt{3} - \tfrac{5}{6}\pi + \sqrt{3} + \tfrac{\pi}{6}\right)$$

$$A = \sqrt{2} \cdot \left(2\sqrt{3} - \tfrac{2}{3}\pi\right).$$

Die von beiden Kurven eingeschlossene Fläche hat einen Inhalt von etwa 1,94 Flächeneinheiten.

LK Mathematik Lösungen Klausur Nr. 12

Aufgabe 1 (Fortsetzung)

1.6 Skizze

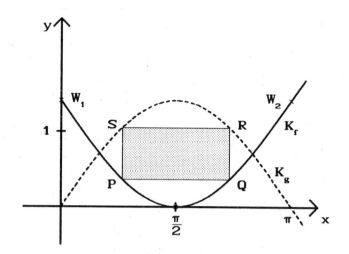

Wegen der Symmetrie der Fläche zur Geraden mit der Gleichung $x = \frac{\pi}{2}$ wird auch das gesuchte Rechteck zu dieser Geraden symmetrisch liegen.

Die Eckpunkte des gesuchten Rechtecks mögen, wie in der Abbildung, P, Q, R und S heißen.

Es sei $P(u|f_{\sqrt{2}}(u))$ und $S(u|g_{\sqrt{2}}(u))$ mit $\frac{\pi}{6} \leq u \leq \frac{\pi}{2}$.

Für den Rechtecksumfang ergibt sich dann:

$$U = 2 \cdot (\overline{PQ} + \overline{QR})$$

$$U = 2 \cdot (2 \cdot (\frac{\pi}{2} - u) + g_{\sqrt{2}}(u) - f_{\sqrt{2}}(u))$$

$$U(u) = 2 \cdot (\pi - 2u + \sqrt{2} \cdot \sin u - (\sqrt{2} - \sqrt{2} \cdot \sin u))$$

$$U(u) = 2 \cdot (\pi - \sqrt{2} - 2u + 2\sqrt{2} \cdot \sin u), \quad \frac{\pi}{6} \leq u \leq \frac{\pi}{2}.$$

Somit:

$$U'(u) = 2 \cdot (-2 + 2\sqrt{2} \cdot \cos u), \quad \frac{\pi}{6} < u < \frac{\pi}{2}$$

$$U'(u) = 4 \cdot (-1 + \sqrt{2} \cdot \cos u),$$

$$U''(u) = 4 \cdot \sqrt{2} \cdot (-\sin u)$$

$$U''(u) = -4\sqrt{2} \cdot \sin u.$$

Bed.: $U'(u) = 0$

$$-1 + \sqrt{2} \cdot \cos u = 0, \quad \frac{\pi}{6} < u < \frac{\pi}{2}$$

$$\cos u = \frac{1}{2}\sqrt{2}$$

$$u = \frac{\pi}{4}.$$

Wegen $U''(\frac{\pi}{4}) = -4\sqrt{2} \cdot \sin\frac{\pi}{4} < 0$, wird für $u = \frac{\pi}{4}$ ein relatives Maximum für den Rechtecksumfang erreicht.

Aufgabe 1 (Fortsetzung)

Wegen $f_{\sqrt{2}}(\frac{\pi}{4}) = \sqrt{2} - \sqrt{2} \cdot \sin\frac{\pi}{4} = \sqrt{2} - 1$,

$g_{\sqrt{2}}(\frac{\pi}{4}) = \sqrt{2} \cdot \sin\frac{\pi}{4} = 1$,

erhält man $P(\frac{\pi}{4}|\sqrt{2}-1)$ und $S(\frac{\pi}{4}|1)$.

Wegen der Symmetrie des Rechtecks zur Geraden mit der Gleichung $x = \frac{\pi}{2}$ ergeben sich die Punkte $Q(\frac{3}{4}\pi|\sqrt{2}-1)$ und $R(\frac{3}{4}\pi|1)$.

Damit gewinnt man den maximalen Rechtecksumfang:

$$U_{max} = U(\frac{\pi}{4})$$
$$U_{max} = 2 \cdot (\pi - \sqrt{2} - 2 \cdot \frac{\pi}{4} + 2\sqrt{2} \cdot \sin\frac{\pi}{4})$$
$$U_{max} = 2 \cdot (\pi - \frac{\pi}{2} - \sqrt{2} + 2\sqrt{2} \cdot \frac{1}{2}\sqrt{2})$$
$$U_{max} = 2 \cdot (\frac{\pi}{2} + 2 - \sqrt{2})$$
$$U_{max} = \pi + 4 - 2\sqrt{2} .$$

Das Rechteck PQRS hat näherungsweise den Umfang 4,31 Längeneinheiten.

Falls $u \to 0$, dann $U \to 2\sqrt{2} < U_{max}$.

Falls $u \to \frac{\pi}{2}$, dann $U \to 2\pi - 2\sqrt{2} < U_{max}$.

Das relative Maximum ist auch zugleich das absolute Maximum.

1.7 Orthogonale Tangenten an K_f und K_g

Bekannt ist: $f_t(x) = \sqrt{2} - \frac{2}{t} \cdot \sin x$, $f'_t(x) = -\frac{2}{t} \cdot \cos x$

$g_t(x) = t \cdot \sin x$, $g'_t(x) = t \cdot \cos x$.

Wenn für einen gewissen x-Wert aus dem Intervall $[0;\pi]$ die zugehörigen Kurventangenten orthogonal sein sollen, so muß die Bedingung

$$f'_t(x) \cdot g'_t(x) = -1$$

erfüllt werden:

$$-\frac{2}{t} \cdot \cos x \cdot t \cdot \cos x = -1$$
$$\cos^2 x = \frac{1}{2}$$
$$\cos x = \frac{1}{2}\sqrt{2} \text{ oder } \cos x = -\frac{1}{2}\sqrt{2}$$
$$x_1 = \frac{\pi}{4} , \qquad x_2 = \frac{3}{4}\pi .$$

Für diese beiden x-Werte sind also die zugehörigen Kurventangenten unabhängig von t orthogonal.

LK Mathematik   Lösungen   Klausur Nr. 12

Aufgabe 2

Gegeben ist f mit $f(x) = \frac{\cos x}{x}$, $x \in \mathbb{R}\setminus\{0\}$.

2.1   **1. Symmetrie von K**

Es sei $x_0 \in \mathbb{R}\setminus\{0\}$ beliebig gewählt. Dann ist auch $-x_0 \in \mathbb{R}\setminus\{0\}$.

$$f(-x_0) = \frac{\cos(-x_0)}{(-x_0)} = \frac{\cos x_0}{-x_0} = -f(x_0)$$

Demnach ist K punktsymmetrisch zum Koordinatenursprung O.

2. Schnittpunkte von K mit der x-Achse

Bed.: $f(x) = 0$

$$\frac{\cos x}{x} = 0$$

$$\cos x = 0$$

$$x_k = \frac{\pi}{2} + k\cdot\pi, \quad k \in \mathbb{Z}.$$

K besitzt also für alle $k \in \mathbb{Z}$ die Schnittpunkte $X_k\,(\frac{\pi}{2}+k\pi\,|\,0)$ mit der x-Achse.

2.2   **Asymptoten von K**

1. Senkrechte Asymptote

Bei $x = 0$ wird der Nennerterm Null, der Zähler bleibt ungleich Null. Daher liegt dort eine Polstelle (mit Vorzeichenwechsel) vor. Die y-Achse ist also senkrechte Asymptote.

2. Waagrechte Asymptote

$f(x) = \frac{\cos x}{x}$ läßt sich für alle $x \in \mathbb{R}\setminus\{0\}$ abschätzen durch

$$-\frac{1}{x} \leq \frac{\cos x}{x} \leq \frac{1}{x}, \quad \text{falls } x > 0,$$

bzw. $\frac{1}{x} \leq \frac{\cos x}{x} \leq -\frac{1}{x}$, falls $x < 0$.

Daher gilt:

$$\lim_{x\to\infty}(-\frac{1}{x}) \leq \lim_{x\to\infty}\frac{\cos x}{x} \leq \lim_{x\to\infty}\frac{1}{x}, \quad \text{falls } x > 0,$$

woraus $\lim\limits_{x\to\infty}\frac{\cos x}{x} = 0$ folgt.

Entsprechend erhält man $\lim\limits_{x\to-\infty}\frac{\cos x}{x} = 0$.

Daher ist die x-Achse waagrechte Asymptote.

2.3   **Schaubilder**

$f(x) = \frac{\cos x}{x}$, $g(x) = \frac{1}{x}$, $h(x) = -g(x) = -\frac{1}{x}$, $x \in \mathbb{R}\setminus\{0\}$

Aufgabe 2 (Fortsetzung)

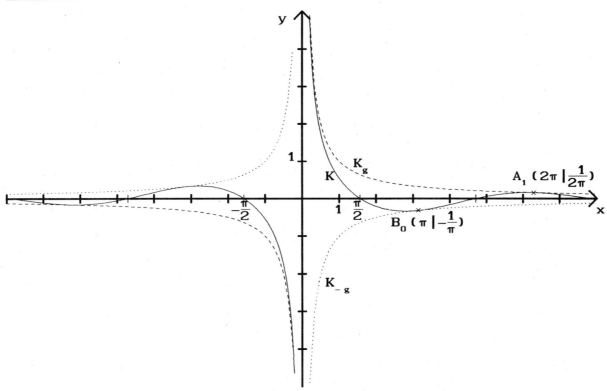

2.4 Berührpunkte

Es reicht die Untersuchung für $x > 0$, denn wegen der Punktsymmetrie aller Kurven zum Koordinatenursprung O hat man sofort die entsprechenden Aussagen für $x < 0$.

Die Existenz gemeinsamer Punkte erfordert die Bedingungen:

$f(x) = g(x)$ oder $f(x) = h(x)$

$\dfrac{\cos x}{x} = \dfrac{1}{x}$ $\dfrac{\cos x}{x} = -\dfrac{1}{x}$

$\cos x = 1$ $\cos x = -1$

$x_k = k \cdot 2\pi \; (k \in \mathbb{N})$, $x_k = \pi + k \cdot 2\pi \; (k \in \mathbb{N}_0)$.

Sollen die Punkte zugleich Berührpunkte sein, so müssen auch die jeweiligen Kurvensteigungen in diesen Punkten übereinstimmen.

Mit $f'(x) = \dfrac{-\sin x \cdot x - \cos x \cdot 1}{x^2}$

$= -\dfrac{x \cdot \sin x + \cos x}{x^2}$,

$g'(x) = -\dfrac{1}{x^2}$, $h'(x) = \dfrac{1}{x^2}$ folgt:

$f'(k \cdot 2\pi) = -\dfrac{k \cdot 2\pi \cdot \sin k \cdot 2\pi + \cos k \cdot 2\pi}{(k \cdot 2\pi)^2}$

$f'(k \cdot 2\pi) = -\dfrac{1}{(k \cdot 2\pi)^2}$

LK Mathematik   Lösungen   Klausur Nr. 12

Aufgabe 2   (Fortsetzung)

$$g'(k \cdot 2\pi) = - \frac{1}{(k \cdot 2\pi)^2} \; ,$$

$$f'(\pi + k \cdot 2\pi) = - \frac{(\pi + k \cdot 2\pi) \cdot \sin(\pi + k \cdot 2\pi) + \cos(\pi + k \cdot 2\pi)}{(\pi + k \cdot 2\pi)^2}$$

$$f'(\pi + k \cdot 2\pi) = - \frac{-1}{(\pi + k \cdot 2\pi)^2}$$

$$f'(\pi + k \cdot 2\pi) = \frac{1}{(\pi + k \cdot 2\pi)^2}$$

$$h'(\pi + k \cdot 2\pi) = \frac{1}{(\pi + k \cdot 2\pi)^2} \; .$$

Folglich berühren sich die Kurven für $x > 0$ in den Punkten $A_k(k \cdot 2\pi \mid \frac{1}{k \cdot 2\pi})$ für $k \in \mathbb{N}$ und $B_k(\pi + k \cdot 2\pi \mid -\frac{1}{\pi + k \cdot 2\pi})$ für $k \in \mathbb{N}_0$.

LK Mathematik   Lösungen   Klausur Nr. 13

Aufgabe 1

1.1 $f'(x) = e^x + e^{-x}$

1.2 $f'(x) = 2x \cdot e^{2x-1} + x^2 \cdot 2e^{2x-1} = 2x \cdot (1+x) \cdot e^{2x-1}$

1.3 $f'(x) = \dfrac{1}{2\sqrt{e^x}} \cdot e^x = \dfrac{1}{2} \cdot \sqrt{e^x}$

oder wegen $f(x) = \sqrt{e^x} = e^{\frac{x}{2}}$ auch $f'(x) = \dfrac{1}{2} \cdot e^{\frac{x}{2}}$.

1.4 $f'(x) = e^x \cdot e^{(e^x)} = e^{x+e^x}$

Aufgabe 2

2.1 $I = \displaystyle\int_0^2 \sqrt{e^{4x+1}}\, dx$

$I = \displaystyle\int_0^2 e^{2x+\frac{1}{2}}\, dx$

$I = \left[\dfrac{1}{2} \cdot e^{2x+\frac{1}{2}}\right]_0^2$

$I = \dfrac{1}{2} \cdot e^{2\cdot 2+\frac{1}{2}} - \dfrac{1}{2} \cdot e^{2\cdot 0+\frac{1}{2}}$

$I = \dfrac{1}{2} \cdot e^{\frac{9}{2}} - \dfrac{1}{2} \cdot e^{\frac{1}{2}}$

$I = \dfrac{1}{2} \cdot \sqrt{e} \cdot (e^4 - 1) \quad = \dfrac{1}{2}(e^3 - \sqrt{e})$

2.2 $I = \displaystyle\int_1^2 x \cdot e^{1-x}\, dx$ läßt sich zum Beispiel mit Produktintegration berechnen. Es sei $u(x) = x$, $u'(x) = 1$, $v'(x) = e^{1-x}$ und $v(x) = -e^{1-x}$.
Dann gilt:

$I = \left[x \cdot (-e^{1-x})\right]_1^2 - \displaystyle\int_1^2 1 \cdot (-e^{1-x})\, dx$

$I = \left[-x \cdot e^{1-x}\right]_1^2 - \left[e^{1-x}\right]_1^2$

$I = \left[-e^{1-x} \cdot (x+1)\right]_1^2$ ✓

$I = -e^{-1} \cdot 3 - (-e^0 \cdot 2)$

$I = 2 - \dfrac{3}{e}$.

$\displaystyle\int_1^2 \underbrace{x}_{u}\underbrace{e^{1-x}}_{v'}dx =$

$x\cdot(-1)e^{1-x}\Big|_1^2 + \displaystyle\int_1^2 1\cdot e^{1-x}dx$

$= -xe^{1-x}\Big|_1^2 - e^{1-x}\Big|_1^2$

LK Mathematik　　　Lösungen　　　Klausur Nr. 13

Aufgabe 2　(Fortsetzung)

2.3　$I = \int_{-1}^{1} x \cdot e^{(x^2)} \, dx$ wird mit **Substitution** bestimmt. Es sei

$u(x) = e^{(x^2)}$, dann gilt $\frac{du}{dx} = 2x \cdot e^{(x^2)}$, $dx = \frac{du}{2x \cdot u(x)}$.

Daher:

$$I = \int_{u_1}^{u_2} \frac{1}{2} \, du$$

od. $x^2 = u$

$$I = \left[\frac{1}{2} \cdot u\right]_{u_1}^{u_2}$$

$$I = \left[\frac{1}{2} \cdot e^{(x^2)}\right]_{-1}^{1}$$

$$I = \frac{1}{2} \cdot e^{(1^2)} - \frac{1}{2} \cdot e^{(-1)^2}$$

$$I = 0.$$

Hier hätte man sich natürlich jede Rechnung sparen können! Man bemerkt, daß der Integrand ein punktsymmetrisches Schaubild zum Koordinatenursprung O besitzt. Die Integrationsgrenzen liegen ebenfalls symmetrisch zu O. Damit beschreibt das Integral den orientierten Flächeninhalt einer zu O punktsymmetrisch liegenden Fläche, der bekanntlich verschwindet.

Aufgabe 3

Gegeben ist f_t durch $f_t(x) = \frac{e^x}{x + t}$, $x \in D_t$, $t \in \mathbb{R}\setminus\{0\}$.

3.1　1. Achsenschnittpunkte

K_t besitzt keine Schnittpunkte mit der x-Achse, da die Bedingung $f_t(x) = 0$ für kein $x \in \mathbb{R}$ erfüllbar ist.

Der Schnittpunkt mit der y-Achse ergibt sich mit der Bedingung $x = 0$ zu $Y_t(0 | \frac{1}{t})$.

2. Ableitungen

$$f_t'(x) = \frac{e^x \cdot (x + t) - e^x \cdot 1}{(x + t)^2}$$

$$f_t'(x) = \frac{e^x \cdot (x + t - 1)}{(x + t)^2}$$

LK MATHEMATIK   Lösungen   Klausur Nr. 13

Aufgabe 3 (Fortsetzung)

$$f_t''(x) = \frac{(e^x \cdot (x+t-1) + e^x \cdot 1) \cdot (x+t)^2 - e^x \cdot (x+t-1) \cdot 2 \cdot (x+t)^1}{(x+t)^4}$$

$$f_t''(x) = \frac{e^x \cdot (x+t) \cdot (x+t) - e^x \cdot (x+t-1) \cdot 2}{(x+t)^3}$$

$$f_t''(x) = \frac{e^x \cdot (x^2 + 2tx + t^2 - 2x - 2t + 2)}{(x+t)^3}$$

$$\boxed{f_t''(x) = \frac{e^x \cdot (x^2 + 2x \cdot (t-1) + t^2 - 2t + 2)}{(x+t)^3}}$$

Auf die dritte Ableitung wird verzichtet, solange nicht feststeht, ob sie wirklich gebraucht wird.

3. Extrempunkte

Bed.: $f_t'(x) = 0$

$x + t - 1 = 0$

$x_t = 1 - t$

$f_t(1-t) = \dfrac{e^{1-t}}{1-t+t} = e^{1-t}$

$f_t''(1-t) = \dfrac{e^{1-t} \cdot ((1-t)^2 + 2 \cdot (1-t) \cdot (t-1) + t^2 - 2t + 2)}{(1-t+t)^3}$

$f_t''(1-t) = e^{1-t} \cdot (1 - 2t + t^2 + 2t - 2 - 2t^2 + 2t + t^2 - 2t + 2)$

$f_t''(1-t) = e^{1-t} \cdot 1 > 0$

Der Extrempunkt ist also ein Tiefpunkt, nämlich $\boxed{T_t(1-t \mid e^{1-t})}$.

4. Wendepunkte   (—)   ⇒ quadrat. Gl. $\frac{1-t}{2} \pm \sqrt{\frac{(t-1)^2}{4} - t^2 + 2t - 2}$

Bed.: $f_t''(x) = 0$ ⇒ $-7t^2 + 6t - 7 \geq 0$

$x^2 + 2x \cdot (t-1) + (t^2 - 2t + 2) = 0$ nein   Parabel mit $H(\frac{3}{7} \mid -\frac{40}{7})$

$D = 4 \cdot (t-1)^2 - 4 \cdot 1 \cdot (t^2 - 2t + 2)$

$D = 4t^2 - 8t + 4 - 4t^2 + 8t - 8$

$D = -4 < 0$

Die Bedingung ist nicht erfüllbar. Daher gibt es für kein $t \in \mathbb{R}\setminus\{0\}$ Wendepunkte auf der Kurve K_t.

3.2   Extrempunktkurve

Für den Tiefpunkt T_t ist bekannt:

$x_t = 1 - t$, $t \neq 0$

$y_t = e^{1-t}$,

und daher $y_t = e^{x_t}$, $x_t \neq 1$.

$x = 1-t$
$t = 1-x$ ⇒ einsetzen
$y = e^{1-1+x} = e^x$

Wenn t alle zugelassenen Werte durchläuft, so wandert der jeweilige Kurventiefpunkt auf der Kurve mit der Gleichung $\boxed{g(x) = e^x}$, $x \in \mathbb{R}\setminus\{1\}$.

LK Mathematik — Lösungen — Klausur Nr. 13

Aufgabe 3 (Fortsetzung)

3.3 Asymptoten von K_t

Der Definitionsbereich ist $D_t = \mathbb{R}\setminus\{-t\}$. Bei $x = -t$ liegt eine Polstelle (mit Vorzeichenwechsel) vor, denn es gilt:
Wenn $x \to -t$, $x > -t$, dann $f_t(x) \to +\infty$,
wenn $x \to -t$, $x < -t$, dann $f_t(x) \to -\infty$.
Daher gibt es eine senkrechte Asymptote mit der Gleichung $x = -t$.

Es gilt für alle $t \in \mathbb{R}\setminus\{0\}$: $\lim\limits_{x \to -\infty} \dfrac{e^x}{x + t} = 0$.

Die x-Achse ist also die waagrechte Asymptote für alle Kurven K_t. Für $x \to +\infty$ existiert kein Grenzwert von $f_t(x)$.

3.4 Schaubild K_1

$f_1(x) = \dfrac{e^x}{x + 1}$, $x \in \mathbb{R}\setminus\{-1\}$, $Y(0|1)$, $T(0|1)$,

Gleichung der senkrechten Asymptote: $x = -1$,
Gleichung der waagrechten Asymptote: $y = 0$.

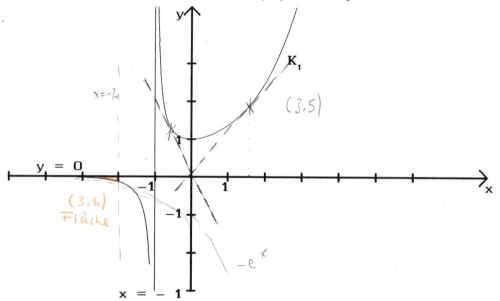

3.5 Tangenten von 0 aus an K_1

Der Berührpunkt der Tangente an K_1 heiße $B(u|f_1(u))$.
Da die Tangente durch 0 und B verläuft, läßt sich ihre Steigung angeben in der Form:

$$m = \frac{y_B - y_0}{x_B - x_0}$$

$$m = \frac{f_1(u) - 0}{u - 0}$$

$$m = \frac{e^u}{(u + 1)\cdot u}, \quad u \neq 0,\ u \neq -1.$$

LK Mathematik   Lösungen   Klausur Nr. 13

Aufgabe 3 (Fortsetzung)

Andererseits stimmt die Tangentensteigung in B mit dem Funktionswert der ersten Ableitung dort überein:

$$m = f_1'(u)$$

$$m = \frac{e^u \cdot u}{(u + 1)^2} \quad \text{über 1. Abl.}$$

Gleichsetzen liefert:

$$\frac{e^u}{(u + 1) \cdot u} = \frac{e^u \cdot u}{(u + 1)^2} \qquad | \cdot u \cdot (u + 1)^2 \neq 0$$

$$e^u \cdot (u + 1) = e^u \cdot u^2 \qquad |: e^u \neq 0$$

$$u + 1 = u^2$$

$$u^2 - u - 1 = 0 \qquad \text{quadrat. Gl.}$$

$$u_{1;2} = \frac{-(-1) \pm \sqrt{(-1)^2 - 4 \cdot 1 \cdot (-1)}}{2 \cdot 1}$$

$$u_1 = \frac{1 + \sqrt{5}}{2}, \quad u_2 = \frac{1 - \sqrt{5}}{2}.$$

Die Berührpunktsabszissen lauten somit $u_1 = \frac{1 + \sqrt{5}}{2}$, $\approx 1{,}6$
$-0{,}6 \approx u_2 = \frac{1 - \sqrt{5}}{2}$. Beide Berührpunkte liegen auf dem rechts von der senkrechten Asymptote verlaufenden Kurvenast.

3.6 1. Begründung der Ungleichung

Für alle $x \in \mathbb{R}$ gilt $e^x > 0$, daher insbesondere auch für $x \leq -2$. Da für $x \leq -2$ auf jeden Fall $x + 1 < 0$ gilt, folgt sofort

$$\frac{e^x}{x + 1} < 0$$

als Quotient aus positivem Zähler und negativem Nenner. Den linken Teil der zu beweisenden Ungleichung gewinnt man folgendermaßen:

$$-e^x \leq \frac{e^x}{x + 1}$$

$$0 \leq \frac{e^x}{x + 1} + e^x$$

$$0 \leq \frac{e^x + e^x \cdot (x + 1)}{x + 1}$$

$$0 \leq \frac{e^x \cdot (x + 2)}{x + 1}$$

Alle Umformungen sind Äquivalenzumformungen. Die letzte Ungleichung ist für $x \leq -2$ erfüllt, weil dann der Zähler kleiner gleich Null und der Nenner negativ ist.
Insgesamt gilt also die behauptete Ungleichungskette.

LK Mathematik — Lösungen — Klausur Nr. 13

Aufgabe 3 (Fortsetzung)

$-e^x \leq \dfrac{e^x}{x+1} \leq 0$ ✓

> 2. Flächeninhaltsabschätzung

Hier findet folgender Satz Verwendung:
Falls für zwei im Intervall [a;b] stetige Funktionen f und g für alle t mit a ≤ t ≤ b gilt f(t) ≤ g(t), dann ist auch

$$\int_a^b f(t)\,dt \leq \int_a^b g(t)\,dt \ .$$

Wählt man a = u, u < −2, b = −2, $f(x) = -e^x$, $g(x) = \dfrac{e^x}{x+1}$, so sind alle Voraussetzungen des Satzes erfüllt.
Daher gilt:

$$\int_u^{-2} -e^x\,dx \leq \int_u^{-2} \frac{e^x}{x+1}\,dx < 0$$

$$\left[-e^x\right]_u^{-2} \leq \int_u^{-2} \frac{e^x}{x+1}\,dx < 0$$

$$-e^{-2} + e^u \leq \int_u^{-2} \frac{e^x}{x+1}\,dx < 0 \ .$$

Da die Flächenstücke im 3. Feld liegen, stellen erst die mit −1 multiplizierten Integrale die Flächeninhaltsmaßzahlen dar.
Somit erhält man

$$e^{-2} - e^u \geq -\int_u^{-2} \frac{e^x}{x+1}\,dx > 0$$

$$e^{-2} - e^u \geq A(u) > 0 \ .$$

Für $u \to -\infty$ folgt daraus für den gesuchten Flächeninhalt A:

$$e^{-2} \geq A > 0 \ .$$

==Die ins Unendliche reichende Fläche hat daher einen Inhalt von höchstens $e^{-2} \approx 0{,}14$ Flächeneinheiten.==

3.7 Volumen des Rotationskörpers

also nicht ins Unendl. reichend

Aus der bestehenden Ungleichung $e^x \geq -\dfrac{e^x}{x+1} > 0$ der vorherigen Teilaufgabe folgt durch Quadrieren:

$$e^{2x} \geq \left(\frac{e^x}{x+1}\right)^2 > 0 \ .$$

Verwendet man erneut den in 3.6 zitierten Satz, so folgt

LK Mathematik — Lösungen — Klausur Nr. 13

Aufgabe 3 (Fortsetzung)

$$\int_u^{-2} e^{2x}\, dx \geq \int_u^{-2} \left(\frac{e^x}{x+1}\right)^2 dx > 0$$

$$\pi \cdot \int_u^{-2} e^{2x}\, dx \geq \boxed{\pi \cdot \int_u^{-2} \left(\frac{e^x}{x+1}\right)^2 dx} > 0$$

Problem sonst: Stammflkt. finden

$$\pi \cdot \left[\frac{1}{2} \cdot e^{2x}\right]_u^{-2} \geq V(u) > 0$$

$$\pi \cdot \left(\frac{1}{2} \cdot e^{-4} - \frac{1}{2} \cdot e^{2u}\right) \geq V(u) > 0 \;.$$

Für $u \to -\infty$ ergibt sich für das gesuchte Volumen V:

$$\pi \cdot \frac{1}{2} \cdot e^{-4} \geq V > 0 \;.$$

Das Volumen des ins Unendliche reichenden Drehkörpers beträgt somit höchstens $\frac{\pi}{2} \cdot e^{-4} \approx 0{,}029$ Volumeneinheiten.

LK Mathematik Lösungen Klausur Nr. 14

Aufgabe 1

Die Funktion f ist gegeben durch $f(x) = 4 - x^2 \cdot e^{-x}$, $x \in \mathbb{R}$.

1.1 1. Ableitungen

$$f'(x) = -2x \cdot e^{-x} + (-x^2) \cdot (-e^{-x})$$
$$= e^{-x} \cdot (x^2 - 2x)$$

$$f''(x) = -e^{-x} \cdot (x^2 - 2x) + e^{-x} \cdot (2x - 2)$$
$$= e^{-x} \cdot (-x^2 + 4x - 2)$$

$$f'''(x) = -e^{-x} \cdot (-x^2 + 4x - 2) + e^{-x} \cdot (-2x + 4)$$
$$= e^{-x} \cdot (x^2 - 6x + 6)$$

2. Extrempunkte

Bed.: $f'(x) = 0$

$$e^{-x} \cdot (x^2 - 2x) = 0 \qquad | : e^{-x}, \; e^{-x} \neq 0$$
$$x^2 - 2x = 0$$
$$x \cdot (x - 2) = 0$$
$$x_1 = 0 \quad \text{oder} \quad x_2 = 2$$

$f(0) = 4 \qquad\qquad f(2) = 4 - 4 \cdot e^{-2}$

$f''(0) = e^{-0} \cdot (-2) \qquad f''(2) = e^{-2} \cdot (-4 + 8 - 2)$
$\qquad\quad = -2 < 0 \qquad\qquad\quad = 2 \cdot e^{-2} > 0$

Somit besitzt K_f den Hochpunkt $H(0|4)$ und den Tiefpunkt $T(2|4-4e^{-2})$.

3. Wendepunkte

Bed.: $f''(x) = 0$

$$e^{-x} \cdot (-x^2 + 4x - 2) = 0 \qquad | : e^{-x}, \; e^{-x} \neq 0$$
$$-x^2 + 4x - 2 = 0$$
$$D = 4^2 - 4 \cdot (-1) \cdot (-2) = 8 > 0$$
$$x_{1;2} = \frac{-4 \pm \sqrt{8}}{-2}$$
$$x_1 = 2 - \sqrt{2} \quad \text{oder} \quad x_2 = 2 + \sqrt{2}$$

$$f(2-\sqrt{2}) = 4 - (2 - \sqrt{2})^2 \cdot e^{-2+\sqrt{2}}$$
$$= 4 - (6 - 4\sqrt{2}) \cdot e^{-2+\sqrt{2}}$$
$$\approx 3{,}81$$

$$f(2+\sqrt{2}) = 4 - (2 + \sqrt{2})^2 \cdot e^{-2-\sqrt{2}}$$
$$= 4 - (6 + 4\sqrt{2}) \cdot e^{-2-\sqrt{2}}$$
$$\approx 3{,}62$$

Aufgabe 1 (Fortsetzung)

$$f'''(2-\sqrt{2}) = e^{-2+\sqrt{2}} \cdot ((2-\sqrt{2})^2 - 6(2-\sqrt{2}) + 6)$$
$$= e^{-2+\sqrt{2}} \cdot (4 - 4\sqrt{2} + 2 - 12 + 6\sqrt{2} + 6)$$
$$= e^{-2+\sqrt{2}} \cdot 2\sqrt{2} \neq 0 \quad > 0 \qquad RLW$$

$$f'''(2+\sqrt{2}) = e^{-2-\sqrt{2}} \cdot ((2+\sqrt{2})^2 - 6(2+\sqrt{2}) + 6)$$
$$= e^{-2-\sqrt{2}} \cdot (4 + 4\sqrt{2} + 2 - 12 - 6\sqrt{2} + 6)$$
$$= e^{-2-\sqrt{2}} \cdot (-2\sqrt{2}) \neq 0$$

Folglich hat K_f die Wendepunkte $W_1(0,59 | 3,81)$ und $W_2(3,41 | 3,62)$.

1.2 Schaubild

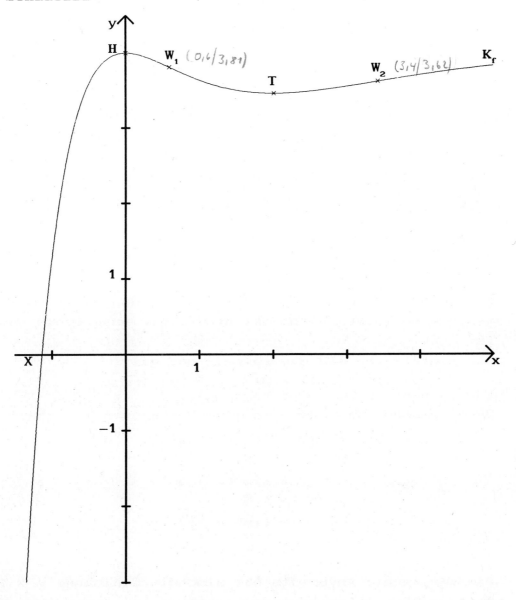

LK Mathematik Lösungen Klausur Nr. 14

Aufgabe 1 (Fortsetzung)

1.3 Schnittpunkt von K_f und der x-Achse

Die Funktion f ist als Verkettung stetiger Funktionen stetig. Es gilt ferner:

$$f(-2) = 4 - (-2)^2 e^{-(-2)} = 4 - 4e^2 < 0$$
$$f(-1) = 4 - (-1)^2 e^{-(-1)} = 4 - e > 0.$$

Deshalb gibt es nach dem Nullstellensatz im Intervall [-2;-1] wenigstens eine Nullstelle von f. Nach Aufgabenstellung ist dies sogar die einzige Nullstelle. Diese wird mit dem Newtonverfahren berechnet.

Die Iterationsvorschrift lautet:

$$x_{n+1} = x_n - \frac{f(x_n)}{f'(x_n)},$$

speziell also:

$$x_{n+1} = x_n - \frac{4 - x_n^2 \cdot e^{-x_n}}{e^{-x}\cdot(x_n^2 - 2x_n)}.$$

Die Zeichnung legt den Startwert $x_0 = -1$ nahe.
Damit erhält man:

$$x_1 = -1{,}15717258\ldots$$
$$x_2 = -1{,}13484998\ldots$$
$$x_3 = -1{,}13428693\ldots$$

Der Schnittpunkt mit der x-Achse heißt demnach $X_1(-1{,}13|0)$.

1.4 Asymptoten

Das Schaubild legt den Verdacht nahe, daß die Parallele zur x-Achse durch den Hochpunkt $H(0|4)$ die waagrechte Asymptote ist.
Zur Bestätigung muß man zeigen, daß gilt:

$$\lim_{x \to \infty} (f(x) - 4) = 0.$$

Da e^x rascher anwächst als jede Potenz von x, erhält man:

$$\lim_{x \to \infty} (f(x) - 4) = \lim_{x \to \infty} (4 - x^2 e^{-x} - 4)$$
$$= \lim_{x \to \infty} (-x^2 e^{-x})$$
$$= \lim_{x \to \infty} \left(-\frac{x^2}{e^x}\right)$$
$$= 0.$$

Die waagrechte Asymptote hat also die Gleichung $y = 4$.
Weitere Asymptoten gibt es nicht.

LK Mathematik Lösungen Klausur Nr. 14

Aufgabe 1 (Fortsetzung)

1.5 Flächeninhaltsberechnung

Die Asymptote geht durch den Hochpunkt und liegt daher für $x > 0$ vollständig oberhalb von K_f. Daher gilt für die Flächeninhaltsmaßzahl:

$$A(u) = \int_0^u (4 - (4 - x^2 \cdot e^{-x}))\, dx$$

$$A(u) = \int_0^u x^2 \cdot e^{-x}\, dx$$

Das Integral wird mit Produktintegration berechnet.

Aus $\quad I_1 = \int_a^b x^2 \cdot e^{-x}\, dx$

wird mit $u(x) = x^2$, $u'(x) = 2x$, $v'(x) = e^{-x}$, $v(x) = -e^{-x}$:

$$I_1 = \left[-x^2 \cdot e^{-x}\right]_a^b - \int_a^b 2x \cdot (-e^{-x})\, dx$$

$$I_1 = \left[-x^2 \cdot e^{-x}\right]_a^b + 2 \cdot \int_a^b x \cdot e^{-x}\, dx.$$

Nun bestimmt man $I_2 = \int_a^b x \cdot e^{-x}\, dx$ mit Produktintegration.

Aus $\quad I_2 = \int_a^b x \cdot e^{-x}\, dx$

LK Mathematik   Lösungen   Klausur Nr. 14

Aufgabe 1 (Fortsetzung)

folgt mit $u(x)$, $u'(x) = 1$, $v'(x) = e^{-x}$, $v(x) = -e^{-x}$:

$$I_2 = \left[-x \cdot e^{-x}\right]_a^b - \int_a^b (-e^{-x})\, dx$$

$$I_2 = \left[-x \cdot e^{-x}\right]_a^b - \left[e^{-x}\right]_a^b .$$

Zusammengefaßt erhält man daher:

$$I_1 = \left[-x^2 \cdot e^{-x}\right]_a^b + 2 \cdot \left[-x \cdot e^{-x}\right]_a^b - 2 \cdot \left[e^{-x}\right]_a^b$$

$$I_1 = \left[e^{-x} \cdot (-x^2 - 2x - 2)\right]_a^b .$$

Somit ergibt sich:

$$A(u) = \left[e^{-x} \cdot (-x^2 - 2x - 2)\right]_0^u$$

$$A(u) = e^{-u} \cdot (-u^2 - 2u - 2) - e^{-0} \cdot (-2)$$

$$A(u) = 2 + e^{-u} \cdot (-u^2 - 2u - 2) .$$

Daher existiert der gesuchte Grenzwert:

$$A = \lim_{u \to \infty} A(u) = 2 .$$

Aufgabe 2

Gegeben sind Funktionen f_t durch $f_t(x) = \frac{1}{4}e^x(e^x - 2t) - 2t^2$, $x \in \mathbb{R}$.

2.1 1. Schnittpunkte von K_t mit der x-Achse

Bed.: $f_t(x) = 0$

$$\frac{1}{4}e^x(e^x - 2t) - 2t^2 = 0$$

$$\frac{1}{4}e^{2x} - 2t \cdot \frac{1}{4}e^x - 2t^2 = 0$$

$$e^{2x} - 2t \cdot e^x - 8t^2 = 0$$

Substitution: $e^x = u$

$$u^2 - 2tu - 8t^2 = 0$$
$$(u - 4t) \cdot (u + 2t) = 0$$
$$u_1 = 4t \quad \text{oder} \quad u_2 = -2t$$

Resubstitution:

1. Fall: $t = 0$ $u_1 = u_2 = 0$, daher $e^x = 0$.
   Diese Gleichung ist unerfüllbar.

2. Fall: $t > 0$ $u_1 = 4t > 0$ $u_2 = -2t < 0$

   $e^x = 4t > 0$ $e^x = -2t < 0$

   $\underline{x_1 = \ln(4t)}$ ist für kein
                                         $x \in \mathbb{R}$ erfüllbar.

LK Mathematik Lösungen Klausur Nr. 14

Aufgabe 2 (Fortsetzung)

3. Fall: $t < 0$ $\quad u_1 = 4t < 0$ $\quad\quad\quad u_2 = -2t > 0$

$e^x = 4t < 0$ ist für $\quad x_2 = \ln(-2t)$

kein $x \in \mathbb{R}$ erfüllbar.

Somit gibt es für $t > 0$ den Schnittpunkt $X_t(\ln(4t)|0)$, für $t < 0$ den Schnittpunkt $X_t(\ln(-2t)|0)$ mit der x-Achse, für $t = 0$ keinen Schnittpunkt mit der x-Achse.

2. **Ableitungen**

$$f'_t(x) = \frac{1}{4}e^x \cdot (e^x - 2t) + \frac{1}{4}e^x \cdot e^x$$
$$= \frac{1}{4}e^x \cdot (2e^x - 2t)$$
$$= \frac{1}{2}e^x \cdot (e^x - t)$$

$$f''_t(x) = \frac{1}{2}e^x \cdot (e^x - t) + \frac{1}{2}e^x \cdot e^x$$
$$= \frac{1}{2}e^x \cdot (2e^x - t)$$

$$f'''_t(x) = \frac{1}{2}e^x \cdot (2e^x - t) + \frac{1}{2}e^x \cdot 2e^x$$
$$= \frac{1}{2}e^x \cdot (4e^x - t)$$

3. **Extrempunkte**

Bed.: $\quad f'_t(x) = 0$

$\frac{1}{2}e^x \cdot (e^x - t) = 0 \quad\quad |:e^x,\ e^x \neq 0$

$e^x - t = 0$

$e^x = t$

Falls $t > 0$, so gilt: $x_1 = \ln t$.

$$f_t(\ln t) = \frac{1}{4} \cdot t \cdot (t - 2t) - 2t^2$$
$$f_t(\ln t) = -\frac{1}{4}t^2 - 2t^2$$
$$f_t(\ln t) = -\frac{9}{4}t^2$$

$$f''_t(\ln t) = \frac{1}{2} \cdot t \cdot (2t - t) > 0$$

Falls $t \leq 0$, so hat die Gleichung $e^x = t$ keine Lösung. Die Kurve K_t hat nur für $t > 0$ einen Extrempunkt. Es handelt sich dann um den Tiefpunkt $T_t(\ln t | -\frac{9}{4}t^2)$.

4. **Wendepunkte**

Bed.: $\quad f''_t(x) = 0$

$\frac{1}{2}e^x(2e^x - t) = 0 \quad\quad |:e^x,\ e^x \neq 0$

$e^x = \frac{t}{2}$

Falls $t > 0$, so folgt: $x_1 = \ln \frac{t}{2}$.

LK Mathematik — Lösungen — Klausur Nr. 14

Aufgabe 2 (Fortsetzung)

$$f_t(\ln\tfrac{t}{2}) = \tfrac{1}{4}\cdot\tfrac{t}{2}(\tfrac{t}{2} - 2t) - 2t^2$$

$$f_t(\ln\tfrac{t}{2}) = \tfrac{t}{8}\cdot(-\tfrac{3}{2}t) - 2t^2$$

$$f_t(\ln\tfrac{t}{2}) = -\tfrac{35}{16}t^2$$

$$f_t''(\ln\tfrac{t}{2}) = \tfrac{1}{2}\cdot\tfrac{t}{2}(4\cdot\tfrac{t}{2} - t) \neq 0$$

Falls $t \leq 0$, so hat die Gleichung $e^x = \tfrac{t}{2}$ keine Lösung.
Also hat K_t nur für $t > 0$ den Wendepunkt $W_t(\ln\tfrac{t}{2}\,|-\tfrac{35}{16}t^2)$.

2.2 Ortskurve der Wendepunkte

Hier kann wegen der vorherigen Teilaufgabe $t > 0$ angenommen werden. Für die Wendepunktkoordinaten gilt:

(1) $x_t = \ln\tfrac{t}{2}$

(2) $y_t = -\tfrac{35}{16}t^2$

Aus (1): $e^{x_t} = \tfrac{t}{2}$, $t = 2\cdot e^{x_t}$

In (2): $y_t = -\tfrac{35}{16}\cdot(2e^{x_t})^2$

$\qquad\quad = -\tfrac{35}{4}e^{2x_t}$.

Die Ortskurve der Wendepunkte hat demnach die Gleichung
$y = -\tfrac{35}{4}e^{2x}$, $x \in \mathbb{R}$.

2.3 Gemeinsamer Punkt zweier Scharkurven

Die Schaubilder zu f_{t_1} und f_{t_2} schneiden sich, wenn die Gleichung $f_{t_1}(x) = f_{t_2}(x)$ wenigstens eine Lösung für $t_1 \neq t_2$ hat.

$$\tfrac{1}{4}e^x\cdot(e^x - 2t_1) - 2t_1^2 = \tfrac{1}{4}e^x\cdot(e^x - 2t_2) - 2t_2^2$$

$$\tfrac{1}{4}e^x(e^x - 2t_1 - e^x + 2t_2) = 2t_1^2 - 2t_2^2$$

$$\tfrac{1}{4}e^x\cdot(-2)\cdot(t_1 - t_2) = 2\cdot(t_1 - t_2)\cdot(t_1 + t_2)\quad|:(t_1-t_2)\neq 0$$

$$(-2)\cdot\tfrac{1}{4}e^x = 2\cdot(t_1 + t_2)$$

$$-\tfrac{1}{4}e^x = t_1 + t_2$$

$$e^x = -4\cdot(t_1 + t_2)$$

Da $e^x > 0$ für alle $x \in \mathbb{R}$, muß gelten: $t_1 + t_2 < 0$.
Wegen der strengen Monotonie der Exponentialfunktion gibt es in diesem Fall auch genau eine Lösung der Gleichung und somit genau einen Kurvenschnittpunkt.

LK Mathematik — Lösungen — Klausur Nr. 15

Aufgabe 1

Die Funktion g ist differenzierbar, ihr Wertebereich ist $\mathbb{R}^+$.
Für die Funktion f gilt $f(x) = \ln(g(x))$.

1.1 Ableitung von f

Mit der Kettenregel erhält man $f'(x) = \dfrac{1}{g(x)} \cdot g'(x)$.
Damit ist umgekehrt klar, daß f eine Stammfunktion von $\dfrac{g'(x)}{g(x)}$ ist. Deshalb gilt:

$$\int_a^b \frac{g'(x)}{g(x)}\, dx = \Big[f(x)\Big]_a^b$$
$$= \Big[\ln(g(x))\Big]_a^b$$

1.2 Berechnung der Integrale

Um die Integrationsregel aus 1.1 anwenden zu können, muß der Integrand so umgeformt werden, daß im Zählerterm die Ableitung des Nennerterms steht:

$$I_1 = \int_1^2 \frac{x}{2x^2 + 1}\, dx$$

$$I_1 = \frac{1}{4}\int_1^2 \frac{4x}{2x^2 + 1}\, dx$$

$$I_1 = \frac{1}{4}\Big[\ln(2x^2 + 1)\Big]_1^2$$

$$I_1 = \frac{1}{4}(\ln 9 - \ln 3)$$

$$I_1 = \frac{1}{4}\ln 3$$

$$I_2 = \int_{\pi/6}^{\pi/3} \tan x\, dx$$

$$I_2 = \int_{\pi/6}^{\pi/3} \frac{\sin x}{\cos x}\, dx$$

$$I_2 = -\int_{\pi/6}^{\pi/3} \frac{-\sin x}{\cos x}\, dx$$

Aufgabe 1 (Fortsetzung)

$$I_2 = -\Big[\ln\cos x\Big]_{\frac{\pi}{6}}^{\frac{\pi}{3}}$$

$$I_2 = -(\ln\tfrac{1}{2} - \ln\tfrac{1}{2}\sqrt{3})$$

$$I_2 = -(-\ln 2 + \ln 2 - \tfrac{1}{2}\ln 3)$$

$$I_2 = \tfrac{1}{2}\ln 3$$

1.3 Drehkörpervolumen

1. Skizze

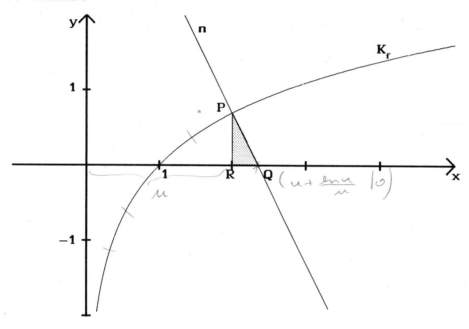

2. Schnittpunkt der Normale mit der x-Achse

Nun ist $f(x) = \ln x$, $x \in \mathbb{R}^+$, $x > 1$, $f'(x) = \frac{1}{x}$.

Es sei $P(u|\ln u)$ ein Punkt auf K_f mit $u > 1$. Das Lot von P auf die x-Achse ergibt $R(u|0)$.

Die Normale n in $P(u|\ln u)$ hat die Gleichung:

$$n(x) = -\frac{1}{f'(u)}\cdot(x - u) + \ln u$$

$$n(x) = -u\cdot(x - u) + \ln u$$

$$n(x) = -ux + u^2 + \ln u .$$

Die Schnittstelle der Normale mit der x-Achse ergibt sich aus der Bedingung $n(x) = 0$:

$$ux = u^2 + \ln u \qquad |:u,\ u > 1$$

$$x = u + \frac{\ln u}{u} .$$

Damit erhält man den Punkt $Q(u+\frac{\ln u}{u}|0)$.

LK Mathematik   Lösungen   Klausur Nr. 15

Aufgabe 1 (Fortsetzung)

3. Drehkegelvolumen

Der Drehkegel besitzt nun den Radius $r = y_P = \ln u$, die Höhe $h = x_Q - x_R = u + \frac{\ln u}{u} - u = \frac{\ln u}{u}$ und somit das Volumen

$$V(u) = \frac{1}{3} \cdot \pi \cdot (\ln u)^2 \cdot \frac{\ln u}{u}$$

$$\boxed{V(u) = \frac{1}{3} \cdot \pi \cdot \frac{(\ln u)^3}{u}}, \quad u > 1. \quad \text{Zielfkt.} \quad D = \{u \in \mathbb{R} | u > 1\}$$

Daraus folgt mit der Quotienten- und der Kettenregel:

$$V'(u) = \frac{1}{3} \cdot \pi \cdot \frac{3(\ln u)^2 \cdot \frac{1}{u} \cdot u - (\ln u)^3 \cdot 1}{u^2}$$

$$\boxed{V'(u) = \frac{1}{3} \cdot \pi \cdot \frac{(\ln u)^2 \cdot (3 - \ln u)}{u^2}}, \quad u > 1.$$

Bed.: $V'(u) = 0$, $u > 1$,

$$\frac{(\ln u)^2 \cdot (3 - \ln u)}{u^2} = 0.$$

Wegen $u > 1$ gilt $\ln u > 0$. Daher:

$$3 - \ln u = 0$$
$$\ln u = 3$$
$$\boxed{u = e^3}. \quad u = 20 \quad e^3 \approx 20{,}1$$

$u = 21$

Für $\boxed{u > e^3}$ ist $V'(u)$ negativ, für $\boxed{1 < u < e^3}$ positiv. VZW $(+|-)$
Daher liefert $u = e^3$ tatsächlich ein relatives Maximum für das Drehkörpervolumen.

Ränder

Wegen $\boxed{\lim_{u \to 1} V(u) = 0}$ und $\boxed{\lim_{u \to \infty} V(u) = 0}$, ist dieses Maximum sogar ein absolutes Maximum. (Schwarm)

$$V_{max} = V(e^3)$$
$$V_{max} = \frac{1}{3} \cdot \pi \cdot \frac{(\ln e^3)^3}{e^3}$$
$$V_{max} = \frac{\pi}{3} \cdot \frac{27}{e^3}$$
$$\boxed{V_{max} = \frac{9\pi}{e^3}}.$$

Das Volumen des gesuchten Drehkegels beträgt also etwa 1,41 Volumeneinheiten. Es wird erreicht, wenn man den Punkt $P(e^3|3)$ auf K_f wählt.

Aufgabe 2

Gegeben ist f_t durch $f_t(x) = (t \cdot \ln x - 1)^2$, $x \in \mathbb{R}^+$, $t \in \mathbb{R} \setminus \{0\}$.

2.1   1. Schnittpunkte von K_t mit der x-Achse

Bed.: $f_t(x) = 0$

LK Mathematik — Lösungen — Klausur Nr. 15

Aufgabe 2 (Fortsetzung)

$$(t \cdot \ln x - 1)^2 = 0$$
$$t \cdot \ln x - 1 = 0$$
$$\ln x = \frac{1}{t}$$
$$x_1 = e^{\frac{1}{t}}$$

Der Schnittpunkt mit der x-Achse heißt $X_t(e^{\frac{1}{t}} | 0)$.

2. Ableitungen

$$f'_t(x) = 2(t \cdot \ln x - 1) \cdot t \cdot \frac{1}{x}$$
$$= 2t \cdot (t \cdot \ln x - 1) \cdot \frac{1}{x}$$

$$f''_t(x) = 2t \cdot \frac{t \cdot \frac{1}{x} \cdot x - (t \cdot \ln x - 1) \cdot 1}{x^2}$$
$$= 2t \cdot \frac{t - t \cdot \ln x + 1}{x^2}$$

$$f'''_t(x) = 2t \cdot \frac{-t \cdot \frac{1}{x} \cdot x^2 - (t - t \cdot \ln x + 1) \cdot 2x}{x^4}$$
$$= 2t \cdot \frac{-t - 2t + 2t \cdot \ln x - 2}{x^3}$$
$$= 2t \cdot \frac{2t \cdot \ln x - 3t - 2}{x^3}$$

3. Extrempunkte

Bed.: $f'_t(x) = 0$
$$(t \cdot \ln x - 1) \cdot \frac{1}{x} = 0$$
$$t \cdot \ln x - 1 = 0$$
$$x_2 = e^{\frac{1}{t}}$$

$$f_t(e^{\frac{1}{t}}) = 0$$

$$f''_t(e^{\frac{1}{t}}) = 2t \cdot \frac{t - t \cdot \frac{1}{t} + 1}{(e^{\frac{1}{t}})^2}$$
$$= \frac{2t^2}{e^{\frac{2}{t}}} > 0.$$

Daher besitzt K_t für alle $t \in \mathbb{R}\setminus\{0\}$ den Tiefpunkt $T_t(e^{\frac{1}{t}} | 0)$.

LK Mathematik Lösungen Klausur Nr. 15

Aufgabe 2 (Fortsetzung)

4. Wendepunkte

Bed.: $f_t''(x) = 0$

$$\frac{t - t \cdot \ln x + 1}{x^2} = 0$$

$$t - t \cdot \ln x + 1 = 0$$

$$t \cdot \ln x = t + 1$$

$$\ln x = 1 + \frac{1}{t}$$

$$x_3 = e^{1 + \frac{1}{t}}$$

$$f_t(e^{1 + \frac{1}{t}}) = (t \cdot (1 + \frac{1}{t}) - 1)^2 = t^2$$

$$f_t'''(e^{1 + \frac{1}{t}}) = 2t \cdot \frac{2t \cdot (1 + \frac{1}{t}) - 3t - 2}{(e^{1 + \frac{1}{t}})^2}$$

$$= 2t \cdot \frac{-t}{(e^{1 + \frac{1}{t}})^2} \neq 0 \quad . \quad < 0$$

Die Kurve hat also den Wendepunkt $W_t(e^{1 + \frac{1}{t}} | t^2)$. *RW*

2.2 **Ortskurve der Wendepunkte**

Da nach der vorherigen Teilaufgabe für die Wendepunktkoordinaten gilt

(1) $\quad x_W = e^{1 + \frac{1}{t}}$, $t \neq 0$

(2) $\quad y_W = t^2$,

versucht man, den Parameter t zu eliminieren.

Aus (1):

$$\ln x_W = 1 + \frac{1}{t}$$

$$\ln x_W - 1 = \frac{1}{t}$$

$$t = \frac{1}{\ln x_W - 1}, \quad x_W \neq e .$$

Eingesetzt in (2):

$$y_W = \frac{1}{(\ln x_W - 1)^2}, \quad x_W \neq e .$$

Die Wendepunkte wandern folglich auf der Kurve g mit

$$g(x) = \frac{1}{(\ln x - 1)^2}, \quad x \neq e, \quad x > 0 . \quad \text{Ortskurve}$$

LK Mathematik — Lösungen — Klausur Nr. 15

Aufgabe 2 (Fortsetzung)

2.3 Schaubilder K_1, K_{-1}

$f_1(x) = (\ln x - 1)^2$, $T_1(e|0)$, $W_1(e^2|1)$,

$f_{-1}(x) = (-\ln x - 1)^2$, $T_{-1}(e^{-1}|0)$, $W_{-1}(1|1)$.

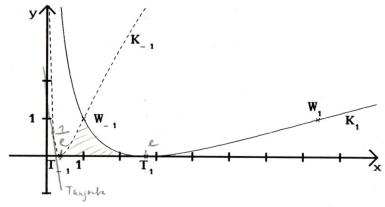

2.4 Gemeinsamer Punkt aller Scharkurven K_t

Es seien t_1, t_2 mit $t_1 \neq t_2$ gewählt. Gemeinsame Kurvenpunkte zweier beliebiger Scharkurven müssen die Bedingung $f_{t_1}(x) = f_{t_2}(x)$ für gewisse x-Werte erfüllen:

$$(t_1 \cdot \ln x - 1)^2 = (t_2 \cdot \ln x - 1)^2$$
$$t_1^2 \cdot (\ln x)^2 - 2t_1 \cdot \ln x + 1 = t_2^2 \cdot (\ln x)^2 - 2t_2 \cdot \ln x + 1$$
$$(t_1^2 - t_2^2) \cdot (\ln x)^2 - 2 \cdot (t_1 - t_2) \cdot \ln x = 0 \qquad |:(t_1 - t_2) \neq 0$$
$$(t_1 + t_2) \cdot (\ln x)^2 - 2\ln x = 0$$
$$\ln x \left[(t_1 + t_2)\ln x - 2\right] = 0$$
$$\ln x = 0 \quad \text{oder} \quad \ln x = \frac{2}{t_1 + t_2}, \quad t_1 + t_2 \neq 0$$

Alle Kurven der Schar haben somit nur den **Punkt S(1|1) gemeinsam.**

2.5 Flächeninhaltsberechnung

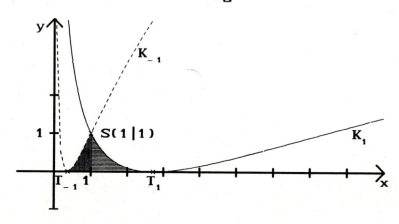

LK Mathematik   Lösungen   Klausur Nr. 15

Aufgabe 2   (Fortsetzung)

Nach dem Ergebnis der vorherigen Teilaufgabe schneiden sich die gezeichneten Kurven in $S(1|1)$. Nach 2.1 hat K_{-1} mit der x-Achse $X_{-1}(e^{-1}|0)$, K_1 mit der x-Achse den Punkt $X_1(e|0)$ gemeinsam. Beide Kurven verlaufen im 1. Feld.

Für den Inhalt der Fläche zwischen beiden Kurven und der x-Achse gilt demnach:

$$A = \int_{e^{-1}}^{1} (-\ln x - 1)^2 \, dx + \int_{1}^{e} (\ln x - 1)^2 \, dx$$

$$A = \int_{e^{-1}}^{1} ((\ln x)^2 + 2\ln x + 1) \, dx + \int_{1}^{e} ((\ln x)^2 - 2\ln x + 1) \, dx .$$

Zur Berechnung von A benötigt man die Integrale

$$\boxed{I_1 = \int_a^b \ln x \, dx} \quad \text{und} \quad \boxed{I_2 = \int_a^b (\ln x)^2 \, dx} .$$

Beide Integrale bestimmt man mittels Produktintegration.

Für $I_1 = \int_a^b \underbrace{1}_{u'(x)} \cdot \underbrace{\ln x}_{v(x)} \, dx$ wählt man $u'(x) = 1$, $u(x) = x$,

$v(x) = \ln x$, $v'(x) = \dfrac{1}{x}$

und erhält

$$I_1 = \Big[x \cdot \ln x \Big]_a^b - \int_a^b x \cdot \frac{1}{x} \, dx$$

$$\boxed{I_1 = \Big[x \cdot \ln x - x \Big]_a^b}$$

Für $I_2 = \int_a^b \underbrace{1}_{u'(x)} \underbrace{(\ln x)^2}_{v(x)} \, dx$ wählt man $u'(x) = 1$, $u(x) = x$,

$v(x) = (\ln x)^2$, $v'(x) = 2\ln x \cdot \dfrac{1}{x}$

und erhält

$$I_2 = \Big[x \cdot (\ln x)^2 \Big]_a^b - 2 \cdot \int_a^b \ln x \, dx$$

$$I_2 = \Big[x \cdot (\ln x)^2 \Big]_a^b - 2 \cdot I_1$$

$$\boxed{I_2 = \Big[x \cdot (\ln x)^2 - 2x \cdot \ln x + 2x \Big]_a^b} .$$

Folglich:

$$A = \Big[x \cdot (\ln x)^2 - 2x \cdot \ln x + 2x + 2x \cdot \ln x - 2x + x \Big]_{e^{-1}}^{1}$$

$$+ \Big[x \cdot (\ln x)^2 - 2x \cdot \ln x + 2x - 2x \cdot \ln x + 2x + x \Big]_{1}^{e}$$

LK Mathematik   Lösungen   Klausur Nr. 15

Aufgabe 2   (Fortsetzung)

$$A = \left[x \cdot (\ln x)^2 + x\right]_{e^{-1}}^{1} + \left[x \cdot (\ln x)^2 - 4x \cdot \ln x + 5x\right]_{1}^{e}$$

$$A = (1 - 2e^{-1}) + (2e - 5)$$

$$A = 2e - 2e^{-1} - 4 .$$

Der Flächeninhalt beträgt etwa 0,70 Flächeneinheiten.

2.6   Tangenten an K_1

Bekannt ist: $f_1(x) = (\ln x - 1)^2$, $f_1'(x) = 2 \cdot \dfrac{\ln x - 1}{x}$.

Im beliebigen Kurvenpunkt $P(u \mid f_1(u))$ wird nun die Gleichung der Tangente ermittelt.

Es gilt: $t(x) = f_1'(u)(x - u) + f_1(u)$

$$t(x) = 2 \cdot \frac{\ln u - 1}{u} \cdot (x - u) + (\ln u - 1)^2$$

$$t(x) = 2 \cdot \frac{\ln u - 1}{u} \cdot x - 2 \cdot \ln u + 2 + (\ln u - 1)^2$$

$$\boxed{t(x) = 2 \cdot \frac{\ln u - 1}{u} \cdot x + (\ln u)^2 - 4 \cdot \ln u + 3}$$

Diese Tangente hat den y-Achsenabschnitt n mit

$$n(u) = (\ln u)^2 - 4\ln u + 3 , \quad u > 0 .$$

Von der Funktion n, die jedem $u \in \mathbb{R}^+$ den y-Achsenabschnitt $n(u)$ zuordnet, weiß man nun:

n ist stetig für alle $u > 0$ als Verkettung stetiger Funktionen,

n nimmt seinen absolut kleinsten Wert für $u = e^2$ an,

denn $n'(u) = 2\ln u \cdot \dfrac{1}{u} - \dfrac{4}{u} = \dfrac{2}{u}(\ln u - 2)$, $n'(e^2) = 0$

$n''(u) = 2 \cdot \dfrac{1}{u^2} \cdot (1 - \ln u) + \dfrac{4}{u^2}$, $n''(e^2) > 0$,

und für $u \to \infty$ bzw. $u \to 0$ gilt $n(u) \to \infty$.

Der Wertebereich der Funktion n heißt demnach $W_n = [-1; \infty[$.
Folglich kann von allen Punkten der y-Achse mit $y \geq -1$ eine Tangente an K_1 gelegt werden.

160

LK Mathematik   Lösungen   Klausur Nr. 16

Aufgabe 1

Gegeben ist f durch $f(x) = \begin{cases} x \cdot \ln|x| & \text{für } x \neq 0 \\ 0 & \text{für } x = 0 \end{cases}$

1.1   1. Stetigkeit von f

Zunächst wird f abschnittsweise dargestellt:

$$f(x) = \begin{cases} x \cdot \ln(-x) & \text{für } x < 0 \\ 0 & \text{für } x = 0 \\ x \cdot \ln x & \text{für } x > 0 \end{cases}$$

Nun gilt mit der Regel von de L'Hospital:

$$\lim_{\substack{x \to 0 \\ x < 0}} f(x) = \lim_{\substack{x \to 0 \\ x < 0}} x \cdot \ln(-x)$$

$$= \lim_{\substack{x \to 0 \\ x < 0}} \frac{\ln(-x)}{\frac{1}{x}}$$

$$= \lim_{\substack{x \to 0 \\ x < 0}} \frac{\frac{1}{x}}{-\frac{1}{x^2}}$$

$$= \lim_{\substack{x \to 0 \\ x < 0}} (-x)$$

$$= 0 \; .$$

Entsprechend ergibt sich

$$\lim_{\substack{x \to 0 \\ x > 0}} f(x) = \lim_{\substack{x \to 0 \\ x > 0}} x \cdot \ln x$$

$$= 0 \; .$$

Da überdies auch $f(0) = 0$, ist f stetig an der Stelle $x_0 = 0$.
An allen anderen Stellen des Definitionsbereichs ist f als Produkt stetiger Funktionen ohnehin stetig.
Die Funktion f ist demnach stetig auf $\mathbb{R}$.

2. Differenzierbarkeit von f

Die in der abschnittsweisen Darstellung vorkommenden Teilfunktionen sind als Produkte differenzierbarer Funktionen im Innern der jeweiligen Definitionsbereiche differenzierbar. Daher gilt nach der Produkt- und der Kettenregel:

$$f'(x) = \begin{cases} 1 \cdot \ln(-x) + x \cdot \frac{1 \cdot (-1)}{(-x)} & \text{für } x < 0 \\ 1 \cdot \ln x + x \cdot \frac{1}{x} & \text{für } x > 0 \end{cases}$$

$$= \begin{cases} \ln(-x) + 1 & \text{für } x < 0 \\ \ln x + 1 & \text{für } x > 0 \; . \end{cases}$$

LK Mathematik Lösungen Klausur Nr. 16

Aufgabe 1 (Fortsetzung)

Es bleibt die Untersuchung auf Differenzierbarkeit an der Stelle $x_0 = 0$.
Wenn $x \to 0$, $x < 0$, dann $(\ln(-x) + 1) \to -\infty$.
Wenn $x \to 0$, $x > 0$, dann $(\ln x + 1) \to -\infty$.
Somit ist f bei $x_0 = 0$ nicht differenzierbar.

1.2   1. Symmetrieuntersuchung

Mit $x_0 \in \mathbb{R}$ ist auch $-x_0 \in \mathbb{R}$. Es gilt:

$$f(-x_0) = \begin{cases} (-x_0) \cdot \ln|-x_0| & \text{für } x_0 \neq 0 \\ 0 & \text{für } x_0 = 0 \end{cases}$$

$$f(-x_0) = \begin{cases} -x_0 \cdot \ln|x_0| & \text{für } x_0 \neq 0 \\ 0 & \text{für } x_0 = 0 \end{cases}$$

$$-f(-x_0) = \begin{cases} x_0 \cdot \ln|x_0| & \text{für } x_0 \neq 0 \\ 0 & \text{für } x_0 = 0 \end{cases}$$

$-f(-x_0) = f(x_0)$.

Somit ist das Schaubild von f zum Ursprung O punktsymmetrisch.

2. Integralberechnung

Da f stetig ist und K_f punktsymmetrisch zum Koordinatenursprung O verläuft, gilt:

$$\int_{-a}^{a} f(x)\, dx = 0\ .$$

1.3   1. Schnittpunkte von K_f mit der x-Achse

Bed.: $f(x) = 0$
Es gilt $x_1 = 0$, da $f(0) = 0$.
Wenn $x > 0$, dann ist die Bedingung erfüllt, falls:
  $x \cdot \ln x = 0$
  $\ln x = 0$
  $x_2 = 1$.

Wenn $x < 0$, dann ist die Bedingung erfüllt, falls:
  $x \cdot \ln(-x) = 0$
  $\ln(-x) = 0$
  $-x = 1$
  $x_3 = -1$.

Die Schnittpunkte mit der x-Achse heißen $X_1(0|0)$, $X_2(1|0)$, $X_3(-1|0)$.

LK Mathematik   Lösungen   Klausur Nr. 16

Aufgabe 1   (Fortsetzung)

2. Extrempunkte

Hier wird die Untersuchung nur für $x > 0$ geführt, da K_f symmetrisch ist zu $O(0|0)$.

$f'(x) = \ln x + 1$, $x > 0$

$f''(x) = \dfrac{1}{x}$, $x > 0$

Bed.: $f'(x) = 0$

$\ln x + 1 = 0$

$\ln x = -1$

$x_4 = e^{-1}$

$f(e^{-1}) = e^{-1} \cdot \ln e^{-1} = -e^{-1}$

$f''(e^{-1}) = \dfrac{1}{e^{-1}} = e > 0$.

Somit ist $T(e^{-1}|-e^{-1})$ der Tiefpunkt und wegen der Symmetrie der Kurve zum Koordinatenursprung $H(-e^{-1}|e^{-1})$ der Hochpunkt von K_f.

Aufgabe 2

2.1 $I = \displaystyle\int_{2}^{4} x \cdot \ln(x^2 - 2) \, dx$

Substitution: $u(x) = x^2 - 2$, $\dfrac{du}{dx} = 2x$, $dx = \dfrac{du}{2x}$

$I = \displaystyle\int_{u(2)}^{u(4)} x \cdot \ln u \cdot \dfrac{du}{2x}$

$I = \dfrac{1}{2} \cdot \displaystyle\int_{u(2)}^{u(4)} \ln u \, du$

$I = \dfrac{1}{2} \left[u \ln u - u \right]_{u(2)}^{u(4)}$

$I = \dfrac{1}{2} \left[(x^2 - 2)(\ln(x^2 - 2) - 1) \right]_{2}^{4}$

$I = \dfrac{1}{2} (14(\ln 14 - 1) - 2(\ln 2 - 1))$

$I = 7 \ln 14 - 7 - \ln 2 + 1$

$I = 7 \ln 7 + 6 \ln 2 - 6$

LK Mathematik   Lösungen   Klausur Nr. 16

Aufgabe 2 (Fortsetzung)

2.2 $I = \int_0^1 \dfrac{e^x}{3 - e^x}\, dx$

$I = -\int_0^1 \dfrac{-e^x}{3 - e^x}\, dx$

$I = -\left[\ln(3 - e^x)\right]_0^1$

$I = -(\ln(3 - e) - \ln(3 - e^0))$

$I = \ln 2 - \ln(3 - e)$

2.3 $I = \int_2^4 \dfrac{x^2 + 1}{x^2 - 1}\, dx$

$I = \int_2^4 \dfrac{x^2 - 1 + 2}{x^2 - 1}\, dx$

$I = \int_2^4 \left(1 + \dfrac{2}{x^2 - 1}\right) dx$

$I = \int_2^4 \left(1 + \dfrac{1}{x - 1} - \dfrac{1}{x + 1}\right) dx$

$I = \left[x + \ln(x - 1) - \ln(x + 1)\right]_2^4$

$I = (4 + \ln 3 - \ln 5) - (2 + \ln 1 - \ln 3)$

$I = 2 + 2\ln 3 - \ln 5$

Aufgabe 3

Gegeben ist f mit $f(x) = \sqrt{\dfrac{1}{x} \cdot \ln|x|}$, $x \in D_f$.

3.1   1. Maximaler Definitionsbereich

Der Wurzelradikand darf für keine Einsetzung negativ sein.

Bed.: $\dfrac{1}{x} \cdot \ln|x| \geq 0$

LK Mathematik   Lösungen   Klausur Nr. 16

Aufgabe 3 (Fortsetzung)

Daraus folgt:

$(\frac{1}{x} \geq 0$ und $\ln|x| \geq 0)$ oder $(\frac{1}{x} \leq 0$ und $\ln|x| \leq 0)$.

Wegen $\frac{1}{x} \neq 0$ für alle $x \in \mathbb{R}$ ergibt sich:

$(\frac{1}{x} > 0$ und $\ln|x| \geq 0)$ oder $(\frac{1}{x} < 0$ und $\ln|x| \leq 0)$.

Fallunterscheidung

1. $x = 0$

Der x-Wert Null kann wegen des Teilfunktionsterms $\frac{1}{x}$ nicht zugelassen werden.

2. $x > 0$

$(\frac{1}{x} > 0$ und $\ln x \geq 0)$ oder $(\frac{1}{x} < 0$ und $\ln x \leq 0)$

$(x > 0$ und $x \geq 1)$ oder $(x < 0$ und $0 < x \leq 1)$
   $x \geq 1$ unerfüllbar

Somit: $D_1 = \{x \in \mathbb{R} \mid x \geq 1\}$.

3. $x < 0$

$(\frac{1}{x} > 0$ und $\ln(-x) \geq 0)$ oder $(\frac{1}{x} < 0$ und $\ln(-x) \leq 0)$
      unerfüllbar $(x < 0$ und $0 < -x \leq 1)$
                                        $(x < 0$ und $0 > x \geq -1)$
                                              $-1 \leq x < 0$

Folglich: $D_2 = \{x \in \mathbb{R} \mid -1 \leq x < 0\}$.

Insgesamt erhält man den maximalen Definitionsbereich

$D_f = D_1 \cup D_2 = \{x \in \mathbb{R} \mid -1 \leq x < 0$ oder $x \geq 1\}$.

2. Verhalten von f beim Annähern an die Ränder von D_f

1. $x_1 = -1$

$f(-1) = \sqrt{\frac{1}{-1} \cdot \ln|-1|} = 0$

2. Annäherung an $x_2 = 0$, $x_2 < 0$

Weil $\frac{1}{x} \to -\infty$ als auch $\ln|-x| \to -\infty$, gilt $\frac{1}{x} \cdot \ln(-x) \to \infty$ und folglich $f(x) \to +\infty$.

3. $x_3 = 1$

$f(1) = \sqrt{\frac{1}{1} \cdot \ln|1|} = 0$

4. $x \to +\infty$

Hier kommt man mit der Regel von de L'Hospital weiter:

$\lim\limits_{x \to \infty} \frac{\ln x}{x} = \lim\limits_{x \to \infty} \frac{\frac{1}{x}}{1} = 0$.

Folglich gilt auch $\lim\limits_{x \to \infty} f(x) = 0$.

Aufgabe 3 (Fortsetzung)

3.2 Schaubild K_f

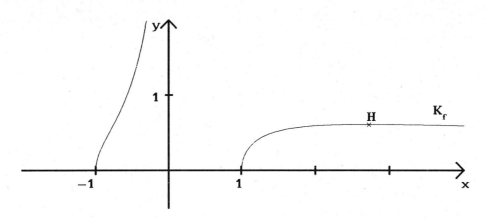

3.3 1. Erste Ableitung

Für $x \geq 1$ gilt:
$$f(x) = \sqrt{\tfrac{1}{x} \cdot \ln x}\ .$$

Mit der Produkt- und der Kettenregel folgt für $x > 1$:

$$f'(x) = \frac{1}{2 \cdot \sqrt{\tfrac{1}{x} \cdot \ln x}} \cdot \left(-\frac{1}{x^2} \cdot \ln x + \frac{1}{x} \cdot \frac{1}{x}\right)$$

$$= \frac{1}{2 \cdot \sqrt{\tfrac{1}{x} \cdot \ln x}} \cdot (1 - \ln x) \cdot \frac{1}{x^2}\ .$$

2. Extrempunkte

Bed.: $f'(x) = 0$

$$1 - \ln x = 0$$

$$x_1 = e$$

$$f(e) = \sqrt{\tfrac{1}{e} \ln e} = \frac{1}{\sqrt{e}}\ .$$

Zur Entscheidung über die Art des Extremums zieht man hier zweckmäßigerweise den Vorzeichenwechsel der ersten Ableitung heran. Dabei braucht lediglich der Teilterm $1 - \ln x$ betrachtet werden, da die übrigen Teilterme ohnehin für alle $x \geq 1$ positiv sind.

Man erkennt:
Für $1 < x < e$ wird $1 - \ln x > 0$, daher $f'(x) > 0$.
Für $x > e$ wird $1 - \ln x < 0$, somit $f'(x) < 0$.
Somit ist der Extrempunkt der Hochpunkt $H(e | \tfrac{1}{\sqrt{e}})$.